U0387367

国家中职示范校机电类技能人才培养系列教材

编审委员会名单

国家中职示范校机电类技能人才培养系列教材

液压气动系统安装与检修

张晓明　吴党柱　编

化学工业出版社

·北京·

本书分四个教学模块：模块一气动系统安装与检修、模块二液压系统安装与检修、模块三电气气动系统安装与检修、模块四电气液压系统安装与检修。每个模块以任务驱动，由浅入深、循序渐进地介绍液压气动的基础知识，突出重点，分散难点，加强基础知识的学习和基本技能的训练，让学生对教学内容"应知"、"应会"、"应思"。

　　本书适用于中职机电、电气、数控、模具等专业学生。

图书在版编目（CIP）数据

液压气动系统安装与检修/张晓明，吴党柱编. —北京：化学工业出版社，2014.8（2021.8 重印）
国家中职示范校机电类技能人才培养系列教材
ISBN 978-7-122-21084-5

Ⅰ.①液… Ⅱ.①张…②吴… Ⅲ.①液压系统-安装-中等专业学校-教材②液压系统-检修-中等专业学校-教材③气压系统-安装-中等专业学校-教材④气压系统-检修-中等专业学校-教材 Ⅳ.①TH137②TH138

中国版本图书馆 CIP 数据核字（2014）第 141194 号

责任编辑：李　娜　　　　　　　　　　　　　文字编辑：吴开亮
责任校对：宋　夏　　　　　　　　　　　　　装帧设计：王晓宇

出版发行：化学工业出版社（北京市东城区青年湖南街 13 号　邮政编码 100011）
印　　装：北京虎彩文化传播有限公司
787mm×1092mm　1/16　印张 11¾　字数 282 千字　2021 年 8 月北京第 1 版第 5 次印刷

购书咨询：010-64518888　　　　　　　　　售后服务：010-64518899
网　　址：http://www.cip.com.cn
凡购买本书，如有缺损质量问题，本社销售中心负责调换。

定　　价：32.00 元

序

　　职业教育需要根据行业的发展和人才的需求设定人才的培养目标，当前各行业对技能人才的要求越来越高，而激烈的社会竞争和复杂多变的就业环境，也使得职业院校学生只有扎实地掌握一技之长才能实现就业。但是，加强技能培养并不意味着弱化或放弃基础知识的学习；只有扎实地掌握相关理论基础知识，才能自如地运用各种技能，甚至进行技术创新。所以如何解决理论与实践相结合的问题，走出一条理实一体化的教学新路，是摆在职业教育工作者面前的一个重要课题。

　　项目任务式教学教材就很好地体现了职业教育理论与实践融为一体这一显著特点。它把一门学科所包含的知识有目的地分解分配给一个个项目或者任务，理论完全为实践服务，学生要达到并完成实践操作的目的就必须先掌握与该实践有关的理论知识，而实践又是一个个有着能引起学生兴趣的可操作项目。这是一种在目标激励下的了解和学习，是一种完全在自己的主观能动性驱动下的学习，可以肯定这种学习是一种主动的有效的学习方式。

　　编写教材是一项创造性的工作，一本好教材凝聚着编写人员的大量心血。今天职业教育的巨大发展和光明前景，离不开这些致力于好教材开发的职教工作者。现在奉献给大家的这一套机电类技能人才培养系列教材，是在新形势下根据职业教育教与学的特点，在经历了多年的教学改革实践探索后编写的比较好的教材。该系列教材体现了作者对项目任务教学的理解，体现了对学科知识的系统把握，体现了对以工作过程为导向的教学改革的深刻领会。

　　本系列教材内容统筹规划，合理安排知识点与技能训练点，教学内涵生动活泼，尽可能使教材体系和编写结构满足职业教育机电类技能人才培养教学要求。

　　我们衷心希望本套教材的出版能够对目前职业院校的教学工作有所帮助，并希望得到职业教育专家和广大师生的批评与指正，以期通过逐步调整、完善和补充，使之更符合机电类技能人才培养的实际。

国家中职示范校机电类技能人才培养系列教材编审委员会
2013 年 9 月

　　液压与气压传动产品在国民经济和国防建设中的地位和作用十分重要。它的发展是提高机电产品性能的因素之一。它不仅是最大限度满足机电产品实现功能多样化的必要条件，也是完成重大工程项目、重大技术装备的基本保证，更是机电产品和重大工程项目和装备可靠性的保证，所以说液压与气压传动产品的发展是实现生产过程自动化，尤其是工业自动化不可缺少的重要手段。

　　液压气动技术最早是 19 世纪末在西方发展起来的，我国从 20 世纪 50 年代后期开始起步，目前，液压气动技术被广泛应用在工业的各个领域，世界各国对液压气动工业的发展都给予高度重视。企业对相关人才的需求量在逐年上升，对技术工人的专业知识和操作技能也提出了更高的要求。为了使初学者能更好地掌握液压气动技术，编者编写了本教材。

　　液压气动系统安装与检修是机电技术应用、电气运行与控制、模具制造技术、数控应用技术相关专业的一门专业基础课。通过本课程的学习，学生将掌握液压传动、气压传动的工作原理，并在此基础上能进行液压元件和气动元件的装拆、基本回路的设计、安装、检修，为今后工作中对机电一体化设备液压气动系统的故障诊断和维修奠定基础；为学习后续的专业课程及日后从事技术工作奠定基础；让学生在学习过程中，逐步树立严谨求实的工作作风。

　　本教材充分体现"以必需、够用为度"的原则，精简整合理论知识，注重实训技能，突出应用能力和综合素质的培养，做到"教、学、做"三结合，模块化、一体化教学。本书分四个教学模块：模块一 气动系统安装与检修、模块二 液压系统安装与检修、模块三 电气气动系统安装与检修、模块四 电气液压系统安装与检修。每个模块以任务驱动，由浅入深、循序渐进地介绍液压气动的基础知识，突出重点，分散难点，加强基础知识的学习和基本技能的训练，让学生对教学内容"应知"、"应会"、"应思"。

　　为了加强学生所学的知识与企业实际生产"接口"，在教材里引用的大量案例都是将企业生产任务转化为学习任务，让学生在课堂上就能接触到工厂现场的生产情景，更好地学以致用，提高学生学习的积极性和趣味性。另外，本教材关于液压气动系统安装与检修的实训任务，可利用德国 FESTO 公司液压与气动工业自动化教学培训系统完成，该培训系统是德国及欧盟其他成员国指定职业技能培训设备。

　　"Having listened, maybe you'll forget. Having looked, maybe you'll remember. Having done, you'll understand." 即："说给我听，我会忘记；指给我看，我会记住；让我自己做，我会理解。"这句话说明了做的重要性，做，即实践。本课程教学以动手学习为主，总学时 80，理论学时 24，实操学时 56，参考学时安排如下表所示。

教 学 模 块	参考学时	理论学时	实操学时
模块一　气动系统安装与检修	34	10	24
模块二　液压系统安装与检修	12	4	8
模块三　电气气动系统安装与检修	22	6	16
模块四　电气液压系统安装与检修	12	4	8
总学时：80			

　　希望本教材能成为读者快速学习并更好地掌握液压气动技术的好帮手。由于编者水平有限，书中难免有疏漏及缺点，恳请读者批评和指正。

编者

2014 年 6 月

CONTENTS　目　录

模块四　电气液压系统安装与检修

附　录

参考文献

模块一

气动系统安装与检修

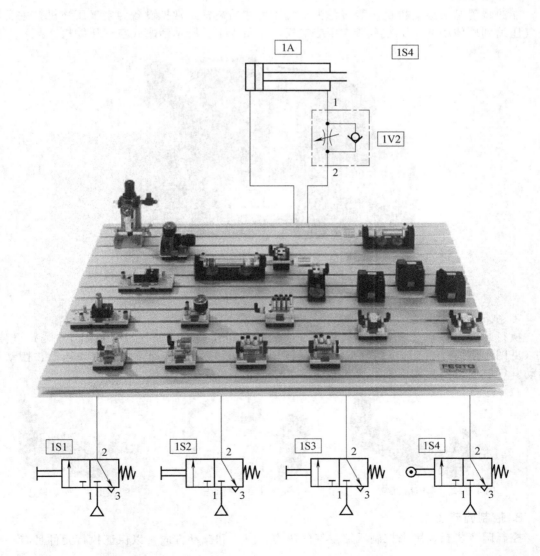

任务一　气压传动基础知识

子任务一　认识气动系统

一、气压传动的定义

气压传动是以压缩空气为工作介质，利用压缩空气的压力能来实现能量传递的传动方式。气动技术由风动技术和液压技术演变发展而来，它是气压传动与控制的简称。

二、气压传动系统的组成

1. 能源装置

能源装置是将原动机机械能转化为空气压力能的装置。常见设备为空气压缩机，主要把空气压缩到原体积的 1/7 左右形成压缩空气，如图 1.1.1 所示活塞式空气压缩机。

图 1.1.1　活塞式空气压缩机

2. 执行装置

执行装置是将空气压力能转换成机械能的能量转换装置，如气缸（见图 1.1.2）、摆动缸（见图 1.1.3）和气动马达（见图 1.1.4）等。执行装置的运动方式有直线运动、摆动和转动。气缸输出推力和位移，气动马达输出转矩和转速。

图 1.1.2　单作用气缸

图 1.1.3　摆动缸

图 1.1.4　气动马达

3. 控制调节装置

控制调节装置是用来控制压缩空气的压力、流量和流动方向，以保证执行元件具有一定的输出力和速度并按设计的动作要求正常工作的装置。常见控制调节装置有流量阀、方向阀、压力阀、逻辑元件等。图1.1.5所示单气控二位三通换向阀属方向阀。

4. 辅助装置

辅助装置是用于辅助保证气动系统正常工作的装置，起着连接、过滤、冷却、干燥、润滑、消声等辅助作用，对保证气压系统可靠、稳定、持久地工作有着重大的作用。常见辅助装置有气管、三通接头、后冷却器、过滤器、干燥器、消声器、油雾器等。图1.1.6所示三联件是气动系统中重要的辅助装置。

图 1.1.5　单气控二位三通换向阀

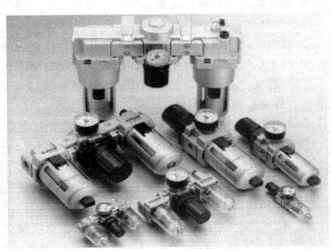

图 1.1.6　三联件

5. 工作介质

气动系统的工作介质为压缩空气。

如图1.1.7所示为一个气动系统回路图，能源装置为气源；执行装置为双作用气缸1A1；控制装置为按钮1S1与1S2、滚轮杠杆式行程阀1S3、或阀1V2、双气控二位五通换向阀1V1；辅助装置为气动三联件1Z1、气管。该气动系统的工作原理：气动三联件1Z1用于对压缩空气进行过滤、减压和注入润滑油雾；按钮1S1、1S2信号经或阀1V2处理后控制双气控二位五通换向阀1V1切换到左位，使双作用气缸1A1伸出；滚轮杠杆式行程阀1S3则在气缸伸出到位后，发出信号控制1V1切换到右位，使双作用气缸1A1退回。

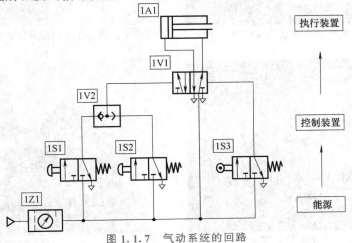

图 1.1.7　气动系统的回路

以上气动系统的回路图由气动元件的图形符号组成。使用图形符号既便于绘制，又可使气动系统简单明了。关于图形符号有如下的基本规定。

① 符号只表示元件的职能，连接系统的通道，不表示元件具体的结构和参数，也不表示元件在机器中实际的安装位置。

② 元件符号内气体的流动方向用箭头表示，线段两端都有箭头表示流动方向是可逆的。

③ 符号均以元件静止位置或中间零位置表示，当系统动作另有说明时，可作例外。

三、气压传动的优点

① 以空气为工作介质，来源方便，用后排气处理简单，不污染环境。

② 由于空气流动压力损失小，压缩空气可集中供气，远距离输送。

③ 与液压传动相比，气动动作迅速，反应快，维护简单，管路不易堵塞，且不存在介质变质、补充、更换等问题。

④ 工作环境适应性好，可以安全可靠地应用于易燃易爆场所。

⑤ 气动元件易于实现系列化、标准化和通用化，便于设计、制造。

⑥ 压力等级低，使用安全。

⑦ 空气具有可压缩性，气动系统能实现过载自动保护。

四、气压传动的缺点

① 由于空气有可压缩性，所以气缸的动作速度易受负载变化影响，运动平稳性差。

② 气动系统排气噪声大，高速排气时必须加消声器。

③ 工作压力较低（一般为 4～8bar，1bar＝100kPa），因而气动系统输出力较小。

图 1.1.8　汽车车身自动焊接生产线

图 1.1.9　药品自动包装生产线

图 1.1.10　食用油自动灌装线

图 1.1.11　汽车自动门

④ 空气本身没有润滑性，需另加装置进行给油润滑。

五、气动技术的应用实例

气动技术的应用涉及机械、电子、钢铁、汽车、轻工、纺织、化工、食品、军工、包装、印刷、烟草等行业，尤其在各种自动化生产装备和生产线中得到了非常广泛的应用，如图 1.1.8～图 1.1.11 所示。

六、液压气动主要知名品牌

液压气动主要知名品牌如表 1.1.1 所示。

表 1.1.1　液压气动主要知名品牌

图标	名称	图标	名称
Rexroth Bosch Group	力士乐 Rexroth	华德液压	华德液压
YUKEN 油压機器	油研液压	dekema	Dekema 德克玛
CKT	CKT 西克迪气动	CCLair 昌林自动化	CCLair 昌林
Mindman	Mindman 金器	Lyoutian 力田油压	力田油压
Jeou Gang	台湾久冈	ANSON HYDRAULICS	ANSON 安颂
SHAKO	SHAKO 新恭	USING	台湾峰欣
FESTO	FESTO 费斯托	SMC	SMC 有限公司
KOGANEI	KOGANEI 小金井	Toyo-oki	TOYOOKI 丰兴
VICKERS	VICKERS 威格仕	HYDAC	HYDAC 贺德克
HAWE HYDRAULIK	HAWE 哈威	TPC PNEUMATICS	TPC 丹海

图标	名标	图标	名标
NORGREN HERION	NORGREN 诺冠	DENISON	DENISON 丹尼逊

子任务二　认识气源装置

一、气源系统的组成及工作原理

如图 1.1.12 所示气源系统，通过电动机 6 驱动的空气压缩机（简称空压机）1，将大气压力状态下的空气压缩成较高的压力，输送给气动系统。压力开关 7 根据压力的大小来控制电动机 6 的启动和停转。当小气罐 4 内的压力上升到调定的最高压力时，使电动机 6 停止转动；当小气罐 4 内的压力下降到调定的最低压力时，电动机 6 又重新启动。当小气罐 4 内的压力超过允许限度时，安全阀 2 自动打开向外排气，以保证气罐的安全。单向阀 3 在空气压缩机 1 不工作时，阻止压缩空气反向流动。后冷却器 10 通过降低压缩空气的温度，将水蒸气和油雾冷凝成水滴和油滴。油水分离器 11 进一步将压缩空气中的水、油分离出来。在后冷却器 10、油水分离器 11、小气罐 4 最低点处都设有手动或自动的排水器，以便排除各处冷凝的液态油水。

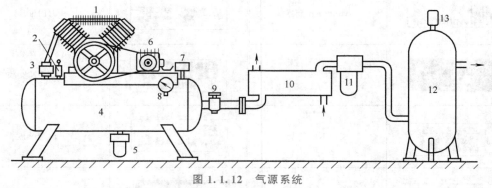

图 1.1.12　气源系统

1—空气压缩机；2,13—安全阀；3—单向阀；4—小气罐；5—排水器；6—电动机；
7—压力开关；8—压力表；9—截止阀；10—后冷却器；11—油水分离器；12—大气罐

二、空压站的安装

对空气进行压缩、干燥、净化，向各个设备提供洁净、干燥的压缩空气的装置称为空气压缩站。空气压缩站（简称空压站）是为气动设备提供压缩空气的动力源装置，是气动系统的重要组成部分。对于一个气动系统来说，一般规定：若排气量大于或等于 $6 \sim 12 m^3 / min$，就应独立设置压缩站；若排气量低于 $6 m^3 / min$，可将压缩机或气泵直接安装在主机旁。空气压缩站主要由空气压缩机、后冷却器、储气罐、空气干燥器等组成。图 1.1.13 和图 1.1.14 所示为典型的空压站安装示意图。

三、活塞式空气压缩机的工作原理

空气压缩机使用最广泛的是活塞式空气压缩机。单级活塞式空气压缩机通常用于需要 $0.3 \sim 0.7 MPa$ 压力范围的场合，若压力超过 0.6MPa 则采用分级压缩以提高输出压力。如

图 1.1.15 所示两级活塞式空气压缩机，通过曲柄滑块机构带动活塞做往复运动，使气缸容积的大小发生周期性的变化，从而实现对空气的吸入、压缩和排气。空气压缩机按输出压力大小分为低压空气压缩机（0.2 ～ 1.0MPa）、中压空气压缩机（1.0 ～ 10MPa）和高压空气压缩机（10 ～ 100MPa）。按流量的大小分为微型空气压缩机（<1m³/min）、小型空气压缩机（1～10m³/min）、中型空气压缩机（10～100m³/min）和大型空气压缩机（>100m³/min）。

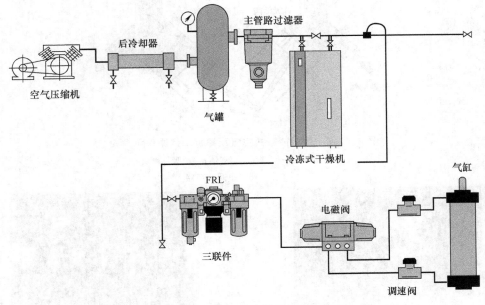

图 1.1.13　空压站安装示意图（一）

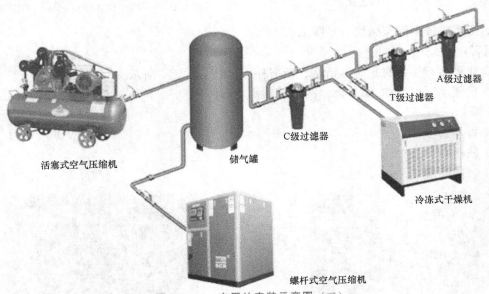

图 1.1.14　空压站安装示意图（二）

四、压缩空气调理装置

（一）空气质量对气动系统的影响

自然界中的空气是一种混合物，主要由氧气、氮气、水蒸气、其他微量气体和一些杂质（如尘埃，其他固体粒子等）等组成。空气中水分、油分和固体杂质粒子等的含量是决定系统能否正常工作的重要因素。

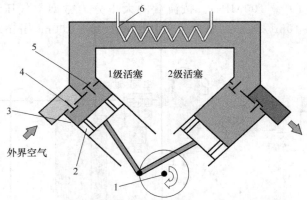

图 1.1.15　两级活塞式空气压缩机工作原理示意图

1—转油；2—活塞；3—缸体；4—吸气阀；
5—气阀；6—中间冷却器

图 1.1.16　固态微粒

图 1.1.17　固态微粒污染损坏的阀活塞

1. 空气质量中固态微粒（见图 1.1.16）

损害：

① 研磨会产生密封损害（活塞、活塞杆），如图 1.1.17 所示。

② 使气动元件（如 Mini 阀）的小型结构堵塞。

结果：

① 可靠性降低。

② 使用寿命缩短。

③ 速度降低。

图 1.1.18　湿气水分

图 1.1.19　生诱腐蚀的阀内腔

2. 空气质量中湿气水分（见图 1.1.18）

损害：

① 管道金属生锈腐蚀，如图 1.1.19 所示。

② 水结成冰，使小型结构堵塞。

③ 使润滑油变质及冲洗掉润滑脂。

结果：

① 可靠性降低。

② 使用寿命缩短。

3. 空气质量中油分（见图 1.1.20）

损害：

① 压缩机油会改变材料特性，损坏密封，引起气动元件故障、使用寿命缩短。

② 油会堵塞气动元件的小型结构，如图 1.1.21 所示。

③ 冲走润滑脂。

结果：

① 可靠性降低。

② 使用寿命缩短。

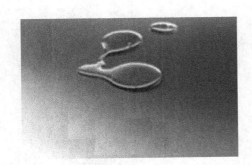

图 1.1.20　油分

图 1.1.21　被油分污染的过滤器

(a) 三联件实物图

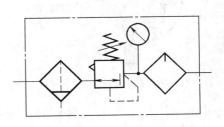

(b) 过滤器+调压阀(减压阀)+油雾器

图 1.1.22　三联件实物图及其结构

（二）气源调节装置

空气过滤器、调压阀和油雾器组合在一起构成气源调节装置，通常被称为气动三联件（见图1.1.22），它是气动系统中常用的气源处理装置。联合使用时，其顺序应为空气过滤器—调压阀—油雾器，不能颠倒。这是因为调压阀内部有阻尼小孔和喷嘴，这些小孔容易被杂质堵塞而造成调压阀失灵，所以进入调压阀的气体先要通过空气过滤器进行过滤。而油雾器中产生的油雾为避免受到阻碍或被过滤，应安装在调压阀的后面。在采用无油润滑的回路中则不需要油雾器，如图1.1.23所示两联件。

(a) 两联件实物图　　　　(b) 过滤器+调压阀(减压阀)

图 1.1.23　二联件实物图及其结构

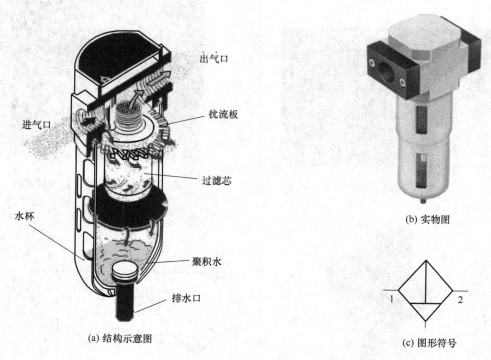

(a) 结构示意图

(b) 实物图

(c) 图形符号

图 1.1.24　空气过滤器

1. 空气过滤器（见图1.1.24）

功能：滤除压缩空气中的水分、油滴及杂质，以达到气动系统所要求的净化程度。

过滤精度：滤芯能够捕捉的杂质的最小直径，用"μm"表示。

主管路过滤器和从管路过滤器的区别：处理流量不同。

使用：根据系统所需的流量、过滤精度和允许压力等参数来选用过滤器，通常竖直安装在气动设备入口处，进出气孔不得装反，使用中注意定期放水和清洗或更换滤芯，滤芯精度分为 5、10、25、40 四挡，可根据对空气的质量要求选用。

2. 调压阀（直动式减压阀）（见图 1.1.25）

功能：起减压和稳压作用。将较高的输入压力调到规定的输出压力，并能保持输出压力稳定，不受空气流量变化及气源压力波动的影响。

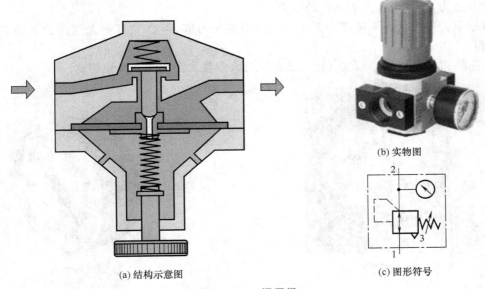

(a) 结构示意图

(b) 实物图

(c) 图形符号

图 1.1.25 调压阀

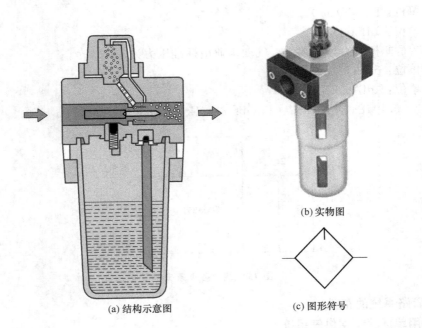

(a) 结构示意图

(b) 实物图

(c) 图形符号

图 1.1.26 油雾器

3. 油雾器（见图 1.1.26）

功能：油雾器是一种特殊的注油装置，它以压缩空气为动力，将润滑油喷射成雾状并混合于压缩空气中，使压缩空气具有润滑气动元件的能力。

使用：油雾器供油量以 $10m^3$ 自由空气用 1mL 油为标准，使用时可根据需要调整。

4. 压力表（见图 1.1.27 和图 1.1.28）

（1）关于压力的几个基本概念

绝对压力：相对于绝对真空的压力值，如图 1.1.29 所示。

表压力（相对压力）：相对于大气压的压力，比大气压高的压力值（相对压力＝绝对压力－大气压力），即由压力表读出的压力。

真空度：以大气压为基准，低于大气压力的压力值，（真空度＝大气压力－绝对压力，为正值）。

真空压力：绝对压力与大气压力之差，与真空度大小相同、符号相反。

图 1.1.27　压力表（一）

图 1.1.28　压力表（二）

（2）压力的单位

基本单位：Pa（N/m^2）。

常用单位：MPa、bar。

"bar"是非标压力计量单位，气动工业用标准压力为 6bar。

英制单位：psi（bf/in^2）。

工程单位：kgf/cm^2。

$1bar = 0.1MPa = 10^5 Pa = 14.5psi$　　　$1kgf/cm^2 = 9.8 \times 10^4 Pa = 0.098MPa$

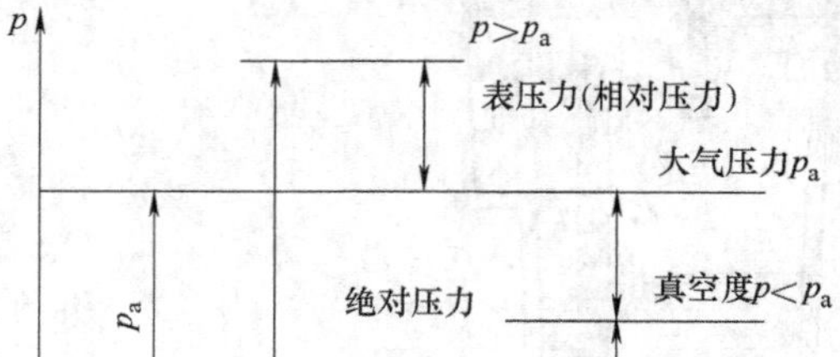

图 1.1.29　各种压力的关系

五、管路系统的布置

1. 采用单环状管网供气系统

采用环状配管的方式（见图 1.1.30），分支管路必须由主管路顶部分出，以免水分进入分支管路；要适当地配置过滤器，以去除管内的铁锈和油雾。

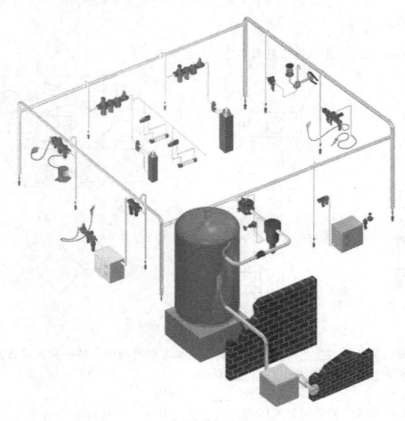

图 1.1.30 单环状管网供气系统

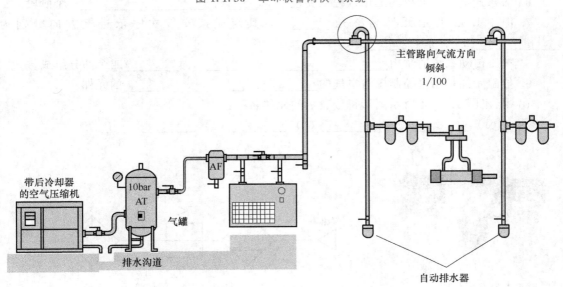

图 1.1.31 主管路向气流方向倾斜

2. 主管路向气流方向倾斜

如图 1.1.31 所示，管道必须保持倾斜度，以便使凝聚的水分能被收集和由排水器排出系统外。

巩固与提高

1. 清写出图 1.1.32 所示图形符号对应元件的名称。

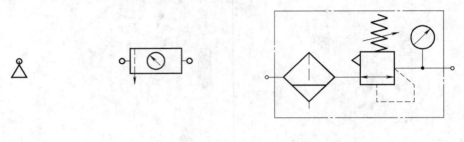

图 1.1.32　气动元件图形符号

2. 气压传动是以_____为工作介质，传递动力和控制信号的一种传动方式。

3. 真空度 ＝_____压力－_____压力。

4. 1MPa ＝_____ bar，40bar ＝_____ MPa。

5. 由大多数测压仪表所测得的压力是_____压力。

6. 活塞式空气压缩机的工作过程主要包括_____、_____、_____三个阶段。

7. 图 1.1.33 所示元件名称是_____，其组成按安装次序依进气方向分别为_____、_____、_____。

8. 气压传动系统通常由_____、_____、_____、_____四个部分组成。

9. 控制元件是用来控制压缩空气的_____、_____、_____的元件。

10. 指出图 1.1.34 所示图形符号表示的元件名称：

（1）_____（2）_____（3）_____（4）_____

图 1.1.33　元件图（一）

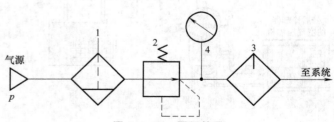

图 1.1.34　图形符号

11. 在液压泵的排油管路中，其绝对压力为 10MPa，则表压力为_____ MPa；在液压泵的吸油管路中，其绝对压力为 0.07MPa，则表压力为_____ MPa。

12. 若在一个气动设备上安装一个三联件，应将它安装在_____。

13. 如图 1.1.35 所示，_____的作用是排除压缩气体高速通过气动元件排到大气时产生的刺耳噪声污染。

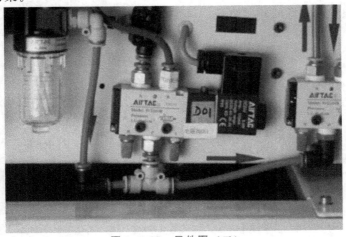

图 1.1.35 元件图（二）

14. 图 1.1.36 所示压力表的读数为 _____ bar，图 1.1.37 所示压力表的读数为
_____ MPa。

图 1.1.36 压力表读数（一）

图 1.1.37 压力表读数（二）

任务二 点动控制回路的安装与检修

子任务一 认识气缸及换向阀

一、气缸

1. 气缸的作用

气缸为执行元件，用来将压缩空气的压力能转化为机械能，从而实现所需的直线运动、

摆动或回转运动等。

2. 气缸的分类

气缸的种类很多，常见的分类如下。

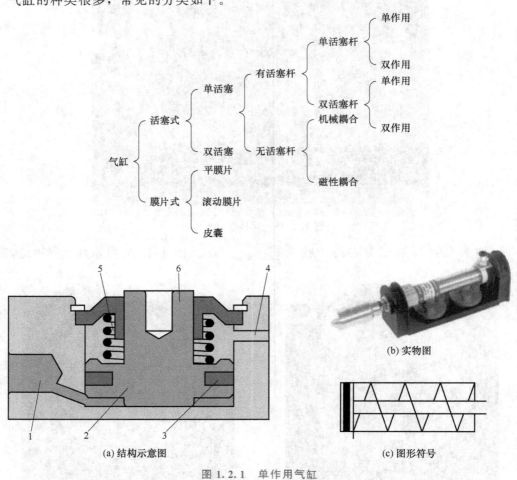

(a) 结构示意图　　　(b) 实物图　　　(c) 图形符号

图 1.2.1　单作用气缸

1—进、排气口；2—活塞；3—活塞密封圈；4—呼吸口；5—复位弹簧；6—活塞杆

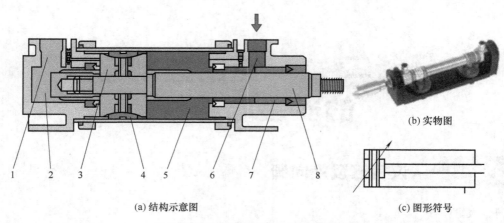

(a) 结构示意图　　　(b) 实物图　　　(c) 图形符号

图 1.2.2　两端可调缓冲式双作用气缸

1,6—进、排气口；2—无杆腔；3—活塞；4—密封圈；5—有杆腔；7—导向环；8—活塞杆

3. 气缸的结构及工作原理

（1）单作用气缸 图 1.2.1 所示为单作用气缸在缸盖一端气口输入压缩空气使活塞杆伸出，而另一端靠弹簧使活塞杆缩回。由于压缩空气只能在气缸活塞伸出的方向做功，所以称为单作用气缸。单作用气缸只在动作方向需要压缩空气，故可节约一半压缩空气。单作用气缸主要用在夹紧、退料、阻挡、压入、举起和进给等操作上。

（2）双作用气缸 双作用气缸活塞的往返运动是依靠压缩空气在缸内被活塞分隔开的两个腔室（有杆腔、无杆腔）交替进入和排出来实现的，压缩空气可以在两个方向上做功。由于气缸活塞的往返运动全部靠压缩空气来完成，所以称为双作用气缸。图 1.2.2 所示为两端可调缓冲式双作用气缸。

二、换向阀

1. 换向阀的作用

如图 1.2.3 所示，换向阀通过改变气动系统中压缩空气的流向和气流的通断来控制执行元件的运动方向及启停，是气动系统中重要的控制元件之一。

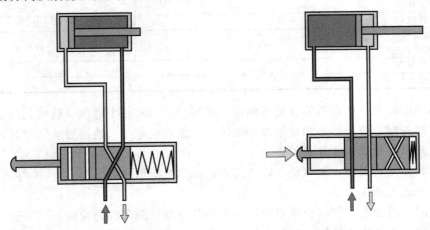

(a)换向阀工作在右位,气缸活塞杆退回   (b)换向阀工作在左位,气缸活塞杆伸出

图 1.2.3 换向阀的工作原理

2. 换向阀的分类

① 按阀的控制方式分为气压控制换向阀、电磁控制换向阀、机械控制换向阀、人力控制换向阀、时间控制换向阀等。

② 按阀芯工作位置和通路分为二位二通换向阀、二位三通换向阀、二位四通换向阀、二位五通换向阀、三位四通换向阀等。

③ 按动作的方式分为直动式换向阀、先导式换向阀。

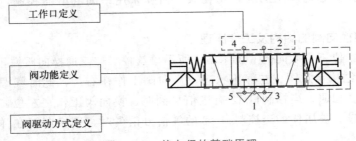

图 1.2.4 换向阀的基础原理

3. 换向阀的基础原理（见图 1.2.4）

（1）工作口定义　换向阀的工作口如图 1.2.5 所示。

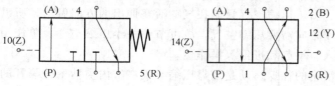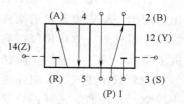

图 1.2.5　换向阀的工作口

工作口种类及表示方法如表 1.2.1 所示。

表 1.2.1　换向阀的工作口种类及表示方法

气口	数字表示（符合 ISO 5599 标准）	字母表示
进气口	1	P
工作口	2	B
排气口	3	S
工作口	4	A
排气口	5	R
输出信号清零的控制口	(10)	(Z)
控制口	12	Y
控制口	14	Z

（2）阀功能定义　换向阀的通是指阀体上通气口数，有几个通气口就叫几通；换向阀的位是指换向阀的阀芯与阀体的相对位置变化时，所能得到通气口连接形式的数目，有几种连接形式就叫几位，如图 1.2.6 所示。

（3）阀驱动方式定义　阀驱动方式定义如表 1.2.2 所示。

阀驱动方式的选择如下。

电磁控制：适合电、气联合控制和远距离控制以及复杂系统的控制。

气压控制：适合用于易燃、易爆、粉尘多和潮湿等恶劣环境，也适合流体流量和压力的放大。

机械控制：主要用作行程信号阀，可选用不同的操作机构。

人力控制：可按人的意志改变控制对象状态。

（4）阀的结构

① 滑柱式（见图 1.2.7）。由于对称结构，阀芯动作阻力小，反应灵敏，功耗小，可以直接用 PLC 控制，简单可靠，但对气源要求较高。

② 截止式（如图 1.2.8 所示）。很小的移动量就能使阀芯完全开启，相同口径下流通能力很强，耐脏；但阀芯运动阻力大，功耗大，需要采用中间继电器控制，控制复杂，寿命短，可靠性差。

4. 常用气控换向阀的结构及工作原理

（1）单气控二位三通换向阀　图 1.2.9 所示单气控二位三通换向阀属于方向控制阀，图 1.2.10 所示为其结构示意图。在静止状态，换向阀工作在右位，此时气源口 1 被堵住，工作口 2 与排气口 3 相通；当控制口 12 有气信号到时，换向阀工作在左位，气源口 1 与工作口 2 相通，排气口 3 被堵住；当控制口 12 的气信号消失时，则换向阀在弹簧力的作用下又恢复到右位的状态。

表 1.2.2 阀驱动方式

符号	名称	实物图形
	普通手控方式	
	按钮	
	手柄	
	手柄记忆	
	脚踏板	
	弹簧	
	滚轮杠杆	
	单向滚轮杠杆	
	气控	
	电控	
	先导	

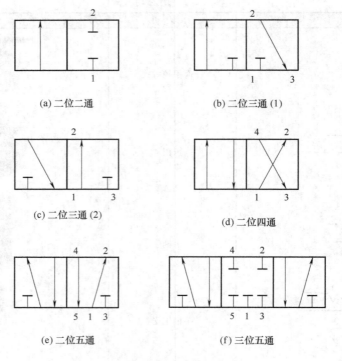

(a) 二位二通 (b) 二位三通 (1)

(c) 二位三通 (2) (d) 二位四通

(e) 二位五通 (f) 三位五通

图 1.2.6 换向阀

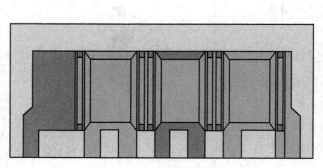

图 1.2.7 滑柱式换向阀

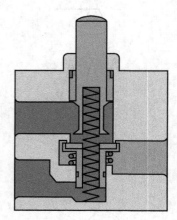

图 1.2.8 截止式换向阀

(a) 实物图

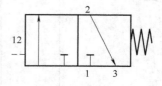

(b) 图形符号

图 1.2.9 单气控二位三通换向阀

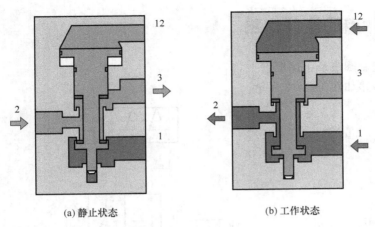

(a) 静止状态 　　　　　　 (b) 工作状态

图 1.2.10　单气控二位三通换向阀结构示意图

（2）双气控二位五通换向阀　图 1.2.11 所示为双气控二位五通换向阀属于方向控制阀，图 1.2.12 所示为其结构示意图。当控制口 14 有气信号，而控制口 12 没有气信号时，换向阀工作在左位，此时气源口 1 与工作口 4 相通，工作口 2 与排气口 3 相通；当控制口 12 有气信号，而控制口 14 没有气信号时，换向阀工作在右位，此时气源口 1 与工作口 2 相通，工作口 4 与排气口 5 相通。注意：要让这种换向阀顺利换向，两个控制口不能同时有气信号。

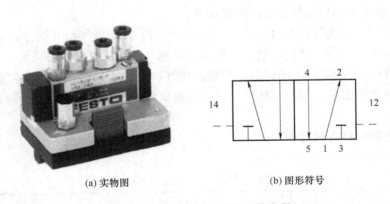

(a) 实物图 　　　　　　　 (b) 图形符号

图 1.2.11　双气控二位五通换向阀

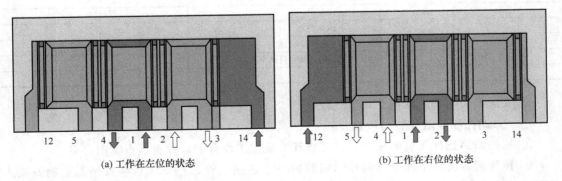

(a) 工作在左位的状态 　　　　　　　 (b) 工作在右位的状态

图 1.2.12　双气控二位三通换向阀结构示意图

子任务二 **点动控制回路**

一、点动控制回路及工作原理

点动控制回路如图 1.2.13 所示。

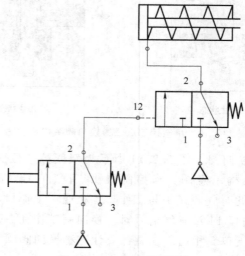

图 1.2.13　点动控制回路

图 1.2.13 所示点动控制回路工作原理如下。

当按下按钮时，控制气源经过按钮 2 口流到控制口 12，单气控二位三通换向阀切换到左位，工作气源经过二位三通换向阀的工作口 2 流到气缸，活塞杆伸出。

当松开按钮时，控制口 12 的气体从按钮的排气口 3 排出，单气控二位三通换向阀在弹簧力的作用下切换到右位，气缸气体经二位三通换向阀的排气口 3 排出，活塞杆在弹簧的作用下退回。

二、点动控制回路安装设备

① 安装设备清单如表 1.2.3 所示。

表 1.2.3　安装设备清单

编号	元件名称	数量
1	空气压缩机	1 台
2	压缩空气分配板	1 块
3	两联件	1 个
4	单作用气缸	1 个
5	手动常开按钮	1 个
6	单气控二位三通换向阀	1 个
7	气管	若干条

② 安装设备实物图如图 1.2.14 所示。

三、点动控制回路安装与检修步骤

① 根据回路选择相应的气动元件并将其安装在工作台上，检查是否牢固可靠。

② 按气流方向从工作回路到控制回路的顺序连接气管，检查气管接口是否正确或接入是否到位。

图 1.2.14　安装设备实物图

③ 根据需要调节两联件上的调压阀，调定系统工作压力为 4bar。

④ 打开气源总开关，检查回路是否有漏气现象。

⑤ 按下手动按钮，气缸活塞杆伸出；松开按钮，活塞杆返回。检查回路是否能实现点动控制的要求。

⑥ 首先关闭气源总开关，然后拆下气动元件并按原位放回元件柜。

四、点动控制回路安装与检修思考题

① 图 1.2.15 所示两联件由哪两部分组成？应如何正确安放在工作台上？气动压力表的读数通常以什么为单位？

② 当按下按钮时，回路没动作，如果气管接口的连接与回路图一样，那么问题很有可能出现在哪里？

③ 如果安装过程中将按钮的 1 口与 2 口反接（见图 1.2.16），会出现什么问题？

图 1.2.15　两联件

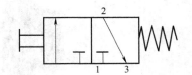

图 1.2.16　按钮的 1 口与 2 口反接

巩固与提高

1. 填空题。

（1）写出下列图形符号对应元件的名称。

   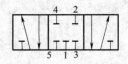

（2）图形符号表示一个元件的_____，但不能表示出元件的结构和参数。

（3）分析以下元件的工作原理。

当控制口 14 有气信号，而控制口 12 没有气信号时，换向阀工作在_____位，此时_____口与_____口相通，_____口与_____口相通，_____口不通。

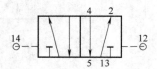

（4）三位四通换向阀，三位表示_____，四通表示_____。

（5）指出以下换向阀各接口的功能。

1 口：_____ 2 口：_____ 3 口：_____ 4 口：_____

5 口：_____ 12 口：_____ 14 口：_____

（6）指出以下换向阀各接口的功能。

P 口：_____ A 口：_____ R 口：_____

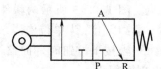

（7）分析图 1.2.17 所示气动元件。

气口的定义：1 _____，2 _____，3 _____，4 _____，

5 _____，12 _____，14 _____。

阀的功能：_____位_____通换向阀。

阀的驱动方式：_____。

图 1.2.17　气动元件

（8）找出对应元件的字母。

二位五通换向阀_____三位五通换向阀，中位关断_____

二位四通换向阀_____二位三通换向阀，静态导通_____

二位三通换向阀，静态关断_____

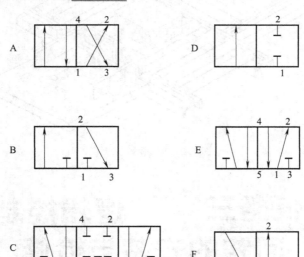

2. 根据控制要求设计其气动控制回路。

（1）如图 1.2.18 所示，分配装置将铝盒推出至工作站中。按下按钮，单作用气缸（1A）的活塞杆伸出；当松开按钮后，活塞杆缩回。

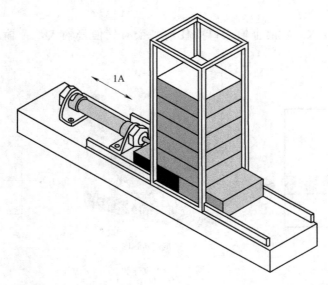

图 1.2.18　装置（一）

（2）如图 1.2.19 所示，传送带上的工件通过分拣装置被转移到其他位置。按下启动按钮后，单作用气缸的活塞杆将工件从传送带上推出；松开按钮后，活塞杆返回到末端位置。

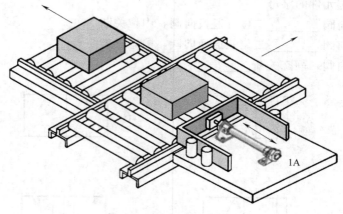

图 1.2.19   装置（二）

任务三　逻辑控制回路的安装与检修

子任务一　或阀与多点控制回路

一、或阀（又称梭阀）

或阀如图 1.3.1 所示。

工作原理：只要 X、Y 两个输入口中任何一个有气信号输入，A 输出口便有气体输出（"或"逻辑功能）。

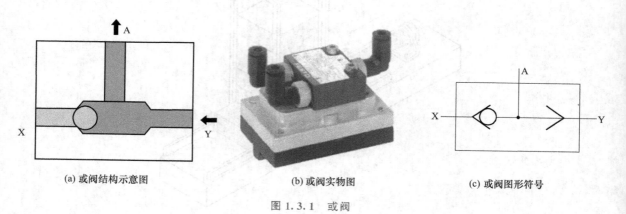

(a) 或阀结构示意图　　　　　(b) 或阀实物图　　　　　(c) 或阀图形符号

图 1.3.1   或阀

二、多点控制回路的安装与检修

用于使一个气缸或控制阀从两个或更多的位置驱动的回路称为多点控制回路。两点控制回路及工作原理如图 1.3.2 所示。

图 1.3.2 所示两点控制回路工作原理如下。

按下其中任何一个按钮，控制气源经过或阀的 2 口流到控制口 12，单气控二位三通换向阀切换到左位，工作气源经过二位三通换向阀的工作口 2 流到气缸，活塞杆伸出。

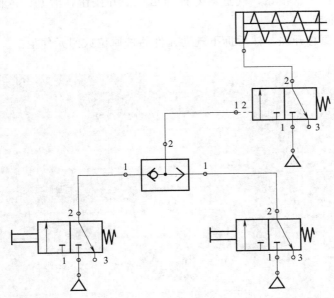

图 1.3.2　两点控制回路

当松开按钮后，控制口 12 气体从按钮的排气口 3 排出，单气控二位三通换向阀切换到右位，气缸气体经二位三通换向阀的排气口 3 排出，活塞杆在弹簧的作用下退回。

该回路只要按下其中任何一个按钮，气缸都能实现同样的动作，从而实现多点控制的目的。

三、多点控制回路安装设备

① 安装设备清单如表 1.3.1 所示。

表 1.3.1　安装设备清单

编号	元件名称	数量
1	空气压缩机	1 台
2	压缩空气分配板	1 块
3	两联件	1 个
4	单作用气缸	1 个
5	手动常开按钮	2 个
6	单气控二位三通换向阀	1 个
7	或阀	1 个
8	气管	若干条

② 安装设备实物图如图 1.3.3 所示。

四、多点控制回路安装与检修步骤

① 根据回路选择相应的气动元件并将其安装在工作台上，检查是否牢固可靠。

② 按气流方向从工作回路到控制回路的顺序连接气管，检查气管接口是否正确或接入是否到位。

③ 根据需要调节两联件上的调压阀，调定系统工作压力为 4bar。

④ 打开气源总开关，检查回路是否有漏气现象。

⑤ 按下其中任何一个按钮，气缸活塞杆伸出；松开按钮，活塞杆返回。检查回路是否能实现多点控制的要求。

⑥ 首先关闭气源总开关，然后拆下气动元件并按原位放回元件柜。

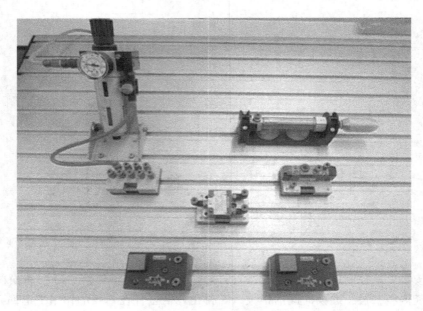

图 1.3.3　安装设备实物图

子任务二　与阀与安全控制回路

一、与阀（又称双压阀）

与阀如图 1.3.4 所示。

工作原理：只有 X、Y 两个输入口都有气信号输入，A 输出口才有气体输出（"与"逻辑功能）。

(a) 与阀结构示意图　　　　　(b) 与阀实物图　　　　　(c) 与阀图形符号

图 1.3.4　与阀

二、安全控制回路的安装与检修

用于使一个气缸或控制阀需要满足两个或两个以上控制信号才能驱动的回路称为安全控制回路。安全控制回路及工作原理如图 1.3.5 所示。

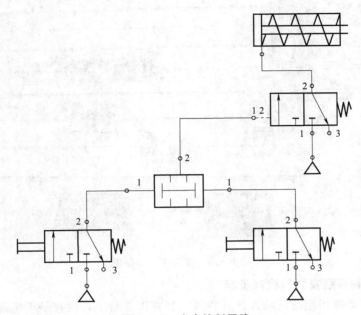

图 1.3.5　安全控制回路

图 1.3.5 所示安全控制回路工作原理如下。

按下两个按钮，控制气源经过与阀的 2 口流到控制口 12，单气控二位三通换向阀切换到左位，工作气源经过二位三通换向阀的工作口 2 流到气缸，活塞杆伸出。

当松开其中的一个按钮时，控制口 12 的气体从按钮的排气口 3 排出，单气控二位三通换向阀切换到右位，气缸气体经二位三通换向阀的排气口 3 排出，活塞杆在弹簧的作用下退回。

该回路必须将两个按钮都按下气缸才能工作，从而达到安全控制的目的。

三、安全控制回路安装设备

① 安装设备清单如表 1.3.2 所示。

表 1.3.2　安装设备清单

编号	元件名称	数量
1	空气压缩机	1 台
2	压缩空气分配板	1 块
3	两联件	1 个
4	单作用气缸	1 个
5	手动常开按钮	2 个
6	单气控二位三通换向阀	1 个
7	与阀	1 个
8	气管	若干条

② 安装设备实物图如图 1.3.6 所示。

图 1.3.6　安装设备实物图

四、安全控制回路安装与检修步骤

① 根据回路选择相应的气动元件并将其安装在工作台上，检查是否牢固可靠。

② 按气流方向从工作回路到控制回路的顺序连接气管，检查气管接口是否正确或接入是否到位。

③ 根据需要调节两联件上的调压阀，调定系统工作压力为4bar。

④ 打开气源总开关，检查回路是否有漏气现象。

⑤ 按下两个按钮，气缸活塞杆伸出；松开其中一个按钮，活塞杆返回。检查回路是否能实现安全控制的要求。

⑥ 首先关闭气源总开关，然后拆下气动元件并按原位放回元件柜。

 巩固与提高

1. 画出以下零件的图形符号。

（1）与阀　　　　　　　（2）或阀　　　　　　　（3）常开按钮

（4）单作用气缸　　　　（5）单气控二位三通换向阀

2. 请根据控制要求设计其气动控制回路。

(1) 如图 1.3.7 所示，一个转运站通过传送带输送产品。如果已经确认产品到位，并且这时操作人员按下按钮，则拾取气缸伸出。产品到位是由一个滚轮杆式行程阀来检测的，一旦按钮松开，气缸回到初始位置。

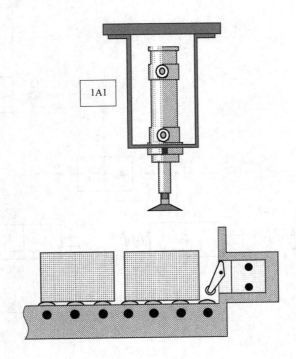

图 1.3.7　转运站

(2) 如图 1.3.8 所示，在一个塑料工件的夹紧装置中，装有 3 个控制按钮——a、b、c，该双作用气缸必须在任意两个控制按钮同时按下时推出，当任意一个按钮松开时气缸退回。

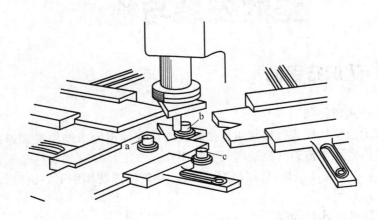

图 1.3.8　塑料工件的夹紧装置

3. 改错题。

分析图 1.3.9 所示三点控制回路存在的问题并设计正确的控制回路。

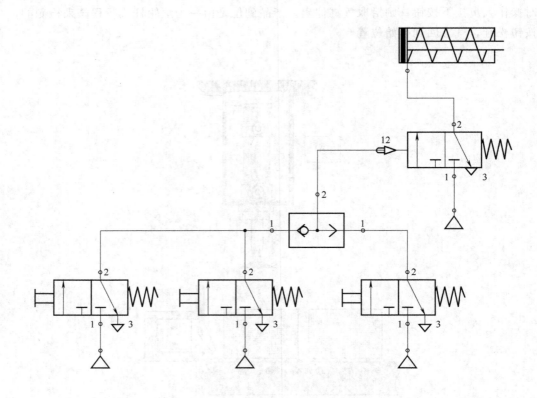

图 1.3.9　三点控制回路

任务四　连续往复运动回路的安装与检修

子任务一　认识行程阀

一、滚轮杠杆式行程阀

图 1.4.1 所示滚轮杠杆式行程阀用于控制气缸活塞伸出的末端位置和返回的末端位置，行程阀发出的气信号通常传到气控换向阀的控制口。按下杠杆（如通过凸轮），驱动滚轮杠杆式行程阀动作，1 口与 2 口接通。释放杠杆后，在复位弹簧作用下，滚轮杠杆式行程阀复位，即 1 口与 2 口关闭。

二、单向滚轮杠杆式行程阀

图 1.4.2 所示为单向滚轮杠杆式行程阀，当滚轮被气缸凸轮沿指定方向驱动时，单向滚轮杠杆式行程阀才能够切换。释放滚轮后，单向滚轮杠杆式行程阀在复位弹簧作用下复位。当沿相反方向驱动滚轮时，单向滚轮杠杆式行程阀并不动作。

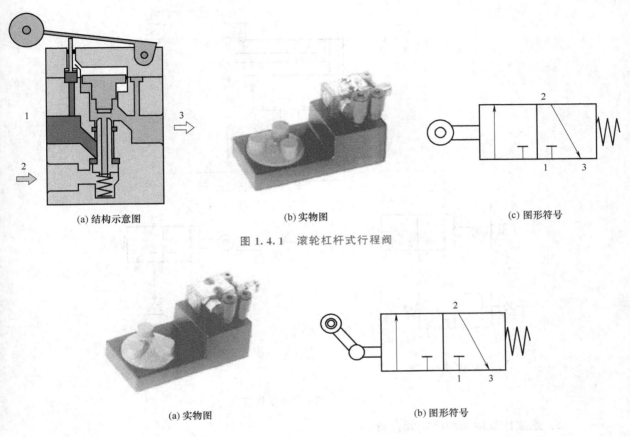

(a) 结构示意图　　　　　　　　(b) 实物图　　　　　　　　(c) 图形符号

图 1.4.1　滚轮杠杆式行程阀

(a) 实物图　　　　　　　　　　(b) 图形符号

图 1.4.2　单向滚轮杠杆式行程阀

子任务二　连续往复运动回路

一、连续往复运动回路及工作原理

连续往复运动回路如图 1.4.3 所示。

图 1.4.3 所示连续往复运动回路工作原理如下。

初始，气缸的活塞杆处于退回状态。

按下开关，控制气体经开关和行程阀 1S1 流到控制口 14，双气控二位五通换向阀切换到左位，工作气体经过换向阀的工作口 4 流到气缸的左腔，气缸右腔的气体经换向阀的排气口 3 排出，气缸活塞杆伸出。活塞杆伸出后，行程阀 1S1 复位，控制口 14 的气体经过行程阀 1S1 的排气口 3 排出。

当行程阀 1S2 被压下时，控制气体经过行程阀 1S2 流到控制口 12，双气控二位五通换向阀切换到右位，工作气体经过换向阀的工作口 2 流到气缸的右腔，气缸左腔的气体经换向阀的排气口 5 排出，气缸活塞杆退回。活塞杆退回后，行程阀 1S2 复位，控制口 12 的气体经过行程阀 1S2 的排气口 3 排出。

当行程阀 1S1 被再次压下时，气缸进入下一次循环运动，直到开关复位，气缸完成最后一次工作循环，停止运动。

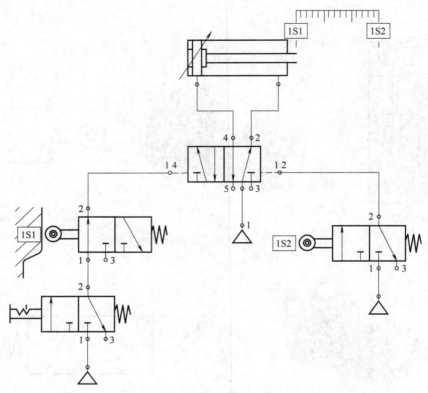

图 1.4.3　连续往复运动回路

二、连续往复运动回路安装设备

① 安装设备清单如表 1.4.1 所示。

表 1.4.1　安装设备清单

编　号	元件名称	数　量
1	空气压缩机	1 台
2	压缩空气分配板	1 块
3	气管	若干条
4	两联件	1 个
5	自锁开关	1 个
6	两端可调缓冲式双作用气缸	1 个
7	滚轮杠杆式行程阀	2 个
8	双气控二位五通换向阀	1 个

② 安装设备实物图如图 1.4.4 所示。

三、连续往复运动回路安装与检修步骤

① 根据回路选择相应的气动元件并将其安装在工作台上，检查是否牢固可靠。

② 按气流方向从工作回路到控制回路的顺序连接气管，检查气管接口是否正确或接入是否到位。

③ 根据需要调节两联件上的调压阀，调定系统工作压力为 4bar。

图 1.4.4　安装设备实物图

④ 打开气源总开关，检查回路是否有漏气现象。

⑤ 按下开关，检查回路是否能实现气缸连续往复运动控制的要求。

⑥ 首先关闭气源总开关，然后拆下气动元件并按原位放回元件柜。

 巩固与提高

1. 试比较图 1.4.5 所示两种二位五通换向阀的工作特点有何区别？

2. 试比较图 1.4.6 所示两种行程阀的工作特点有何区别？

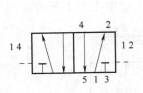

(a) 双气控二位五通换向阀图形符号和实物图

(a) 滚轮杠杆式行程阀图形符号和实物图

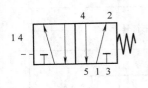

(b) 单气控二位五通换向阀图形符号和实物图

图 1.4.5　两种二位五通换向阀

(b) 单向滚轮杠杆式行程阀图形符号和实物图

图 1.4.6　两种行程阀

3. 图 1.4.7 所示为带有终端阻尼的双作用气缸的剖面图，在图中找出相应部件。

① 前端盖（　　）。

② 这个部件对 C 起密封作用（   ）。

③ 这个部件的作用是防止灰尘和脏东西进入气缸（   ）。

④ 末端盖（   ）。

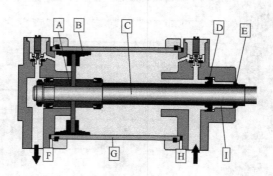

图 1.4.7　带有终端阻尼的双作用气缸的剖面图

任务五　延时控制回路的安装与检修

子任务一　认识延时阀

一、延时阀的作用

延时阀用于气控信号的延时。

二、延时阀的分类

延时阀按工作特点可分为延时接通延时阀和延时断开延时阀两种，如图 1.5.1 所示。

(a) 延时阀实物图

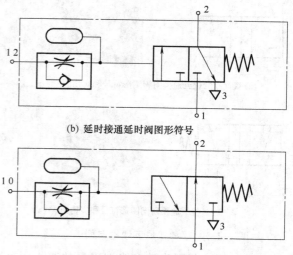

(b) 延时接通延时阀图形符号

(c) 延时断开延时阀图形符号

图 1.5.1　延时阀

三、延时阀的工作原理

如图 1.5.2 所示，延时接通延时阀主要由常开型单气控二位三通换向阀、单向节流阀和气囊三个部分组成。静止状态时，气源口 1 与工作口 2 不通；当信号口 12 有气信号时，延时阀按给定的时间开始延时；时间到，气源口 1 与工作口 2 相通。

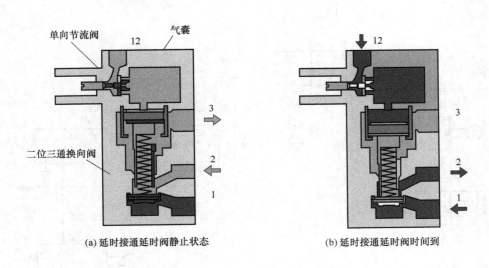

(a) 延时接通延时阀静止状态   (b) 延时接通延时阀时间到

图 1.5.2   延时接通延时阀工作原理图

子任务二   延时控制回路

一、延时控制回路及工作原理

延时控制回路如图 1.5.3 所示。

图 1.5.3 所示延时退回控制回路工作原理如下。

初始，气缸活塞杆处于退回状态。

按下开关，控制气体经开关和行程阀 1S1 流到控制口 14，双气控二位五通换向阀切换到左位，工作气体经过换向阀的工作口 4 流到气缸的左腔，气缸右腔的气体经换向阀的排气口 3 排出，气缸活塞杆伸出。活塞杆伸出后，行程阀 1S1 复位，控制口 14 的气体经过行程阀 1S1 的排气口 3 排出。

当行程阀 1S2 被压下时，控制气体分别流到延时阀的进气口 1 和信号口 12，延时阀开始计时。当时间达到延时阀的调定值后，延时阀进气口 1 和工作口 2 接通，控制气体流到双气控二位五通换向阀的控制口 12，换向阀切换到右位，工作气体经过换向阀的工作口 2 流到气缸的右腔，气缸左腔的气体经换向阀的排气口 5 排出，气缸活塞杆退回。活塞杆退回后，行程阀 1S2 复位，控制口 12 的气体经过延时阀的排气口 3 排出，延时阀气囊的气体经行程阀 1S2 排气口排出。

当行程阀 1S1 被再次压下后，气缸进入下一次循环运动，直到开关复位，气缸完成最后一次工作循环，停止运动。

二、延时控制回路安装设备

① 安装设备清单如表 1.5.1 所示。

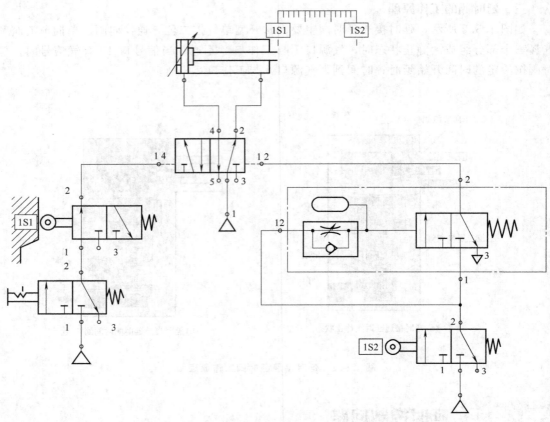

图 1.5.3　延时退回控制回路

表 1.5.1　安装设备清单

编　号	元　件　名　称	数　量
1	空气压缩机	1 台
2	压缩空气分配板	1 块
3	气管	若干条
4	两联件	1 个
5	自锁开关	1 个
6	两端可调缓冲式双作用气缸	1 个
7	滚轮杠杆式行程阀	2 个
8	延时接通延时阀	1 个
9	三通接头	1 个
10	双气控二位五通换向阀	1 个

② 安装设备实物图如图 1.5.4 所示。

三、延时控制回路安装与检修步骤

① 根据回路选择相应的气动元件并将其安装在工作台上，检查是否牢固可靠。

② 按气流方向从工作回路到控制回路的顺序连接气管，检查气管接口是否正确或接入是否到位。

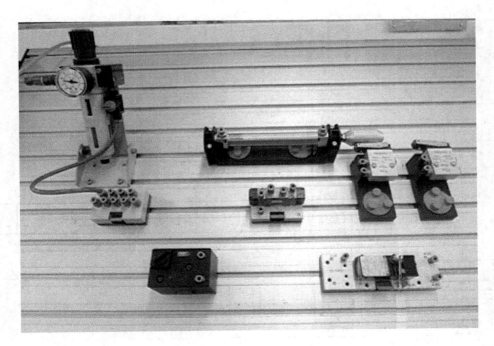

图 1.5.4　安装设备实物图

③ 根据需要调节两联件上的调压阀，调定系统工作压力为 4bar。

④ 调节延时阀的节流阀旋钮，设定延时阀的延时时间（推荐时间：10~20s）。

⑤ 打开气源总开关，检查回路是否有漏气现象。

⑥ 按下开关，检查回路是否能实现气缸延时退回控制的要求。

⑦ 首先关闭气源总开关，然后拆下气动元件并按原位放回元件柜。

四、延时控制回路安装与检修思考题

① 虽然延时阀调了一定的延时时间，但是为什么第一次动作的实际延时时间要比后面动作的延时时间要长？

② 在气缸连续三次往复运动中，第二次有时活塞没有运动到 1S2 位置进行延时又退回，第三次伸出时它又运动到 1S2 位置进行延时，如此循环工作，这是什么原因？

 巩固与提高

1. 完成图 1.5.5 所示气管的连接，使该回路具有延时伸出的功能。

2. 根据控制要求设计其气动控制回路。

图 1.5.6 所示为一台黏合机，用一个双作用气缸通过挤压来黏合两个组件。按下按钮，夹紧气缸伸出，并压下一个滚轮杠杆式行程阀，在到达完全伸出的位置后，气缸将停留 $T=6s$，然后立即回到初始位置。只有在气缸已完全缩回的情况下，才能开始启动新的循环。

3. 分析图 1.5.7 所示气动回路的工作原理。

提示：在安全控制回路中，要求两个按钮按下的时差不能超过一定值（如 5s），否则没有信号输出，气缸不能伸出。

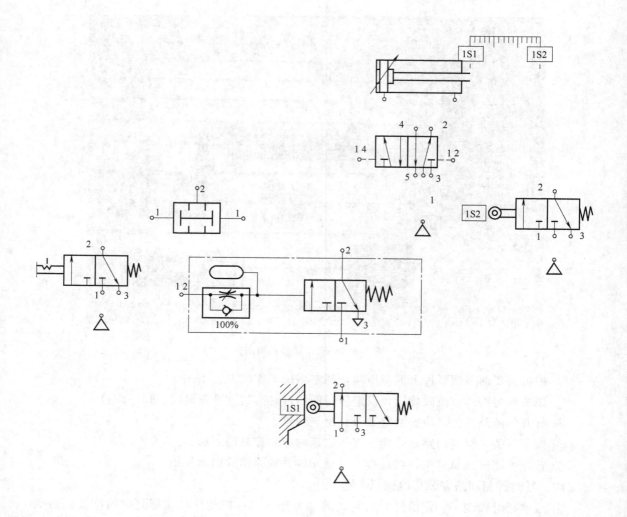

图 1.5.5　连接具有延时伸出功能的回路

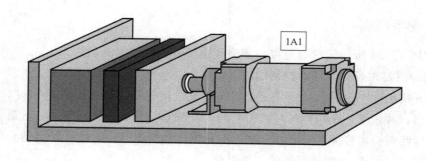

图 1.5.6　黏合机

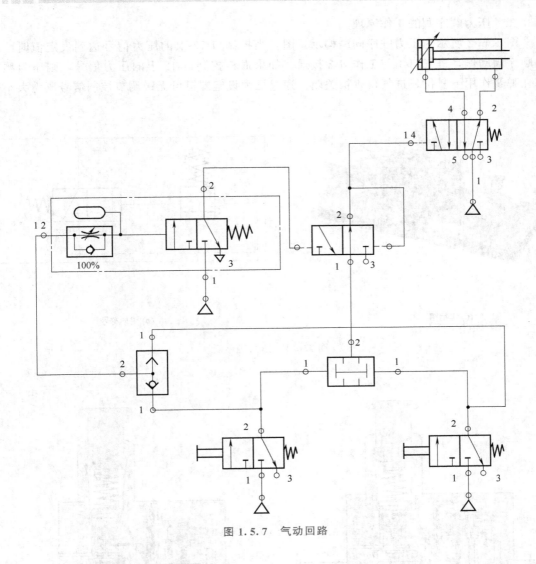

图 1.5.7　气动回路

任务六　压力控制回路的安装与检修

子任务一 **认识压力顺序阀**

一、压力顺序阀的作用

图 1.6.1 所示为压力顺序阀。在气动系统中，压力顺序阀通常安装在需要某一特定压力的场合，以便完成某一操作。只有达到需要的操作压力后，压力顺序阀才有气信号输出。如冲压、拉伸、夹紧等过程都需要对执行元件的输出力进行调节或根据输出力的大小对执行元件进行控制。

二、压力顺序阀的工作原理

图 1.6.2 所示为压力顺序阀结构示意图。当控制口 12 上的压力信号达到设定值时，压力顺序阀动作，进气口 1 与工作口 2 接通。如果撤销控制口 12 上的压力信号，则压力顺序阀在弹簧作用下复位，进气口 1 被关闭。通过压力设定螺钉可无级调节控制信号压力大小。

(a) 实物图

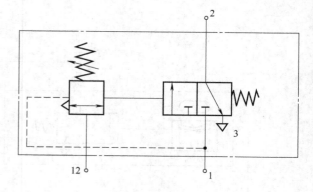

(b) 图形符号

图 1.6.1　压力顺序阀

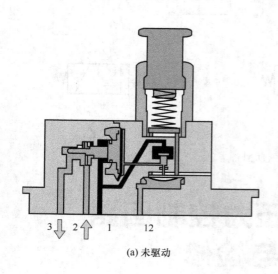

3　2　1　12

(a) 未驱动

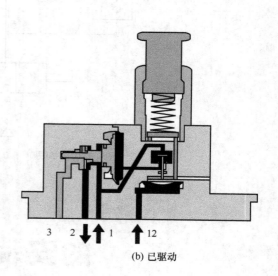

3　2　1　12

(b) 已驱动

图 1.6.2　压力顺序阀结构示意图

子任务二　压力控制回路

一、压力控制回路及工作原理

压力控制回路如图 1.6.3 所示。

图 1.6.3 所示压力控制回路工作原理如下。

初始，气缸活塞杆处于退回状态。

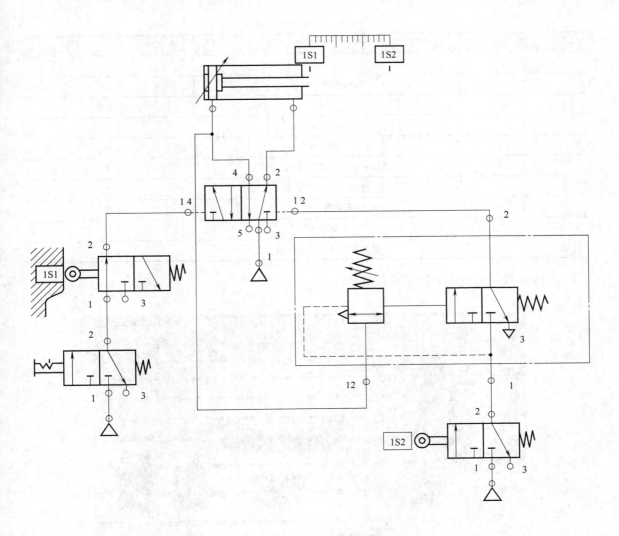

图 1.6.3　压力控制回路

按下开关，控制气体经开关和行程阀 1S1 流到控制口 14，双气控二位五通换向阀切换到左位，工作气体经过换向阀的工作口 4 流出，一分支气流流到压力顺序阀的控制口 12，另一分支气流流到气缸的左腔，气缸右腔的气体经换向阀的排气口 3 排出，气缸活塞杆伸出。活塞杆伸出后，行程阀 1S1 复位，控制口 14 的气体经过行程阀 1S1 的排气口 3 排出。

当行程阀 1S2 被压下且气缸活塞杆伸出的工作压力达到了压力顺序阀的调定值后，压力顺序阀进气口 1 和工作口 2 接通，控制气体流到双气控二位五通换向阀的控制口 12，换向阀切换到右位，工作气体经过换向阀的工作口 2 流到气缸的右腔，气缸左腔的气体经换向阀的排气口 5 排出，气缸活塞杆退回。活塞杆退回后，行程阀 1S2 复位，控制口 12 的气体经过压力顺序阀的排气口 3 排出。

当行程阀 1S1 被再次压下后，气缸进入下一次循环运动，直到开关复位，气缸完成最后一次工作循环，停止运动。

二、压力控制回路安装设备

① 安装设备清单如表 1.6.1 所示。

表 1.6.1　安装设备清单

编　号	元 件 名 称	数　量
1	空气压缩机	1 台
2	压缩空气分配板	1 块
3	气管	若干条
4	两联件	1 个
5	自锁开关	1 个
6	两端可调缓冲式双作用气缸	1 个
7	滚轮杠杆式行程阀	2 个
8	压力顺序阀	1 个
9	三通接头	1 个
10	双气控二位五通换向阀	1 个

② 安装设备实物图如图 1.6.4 所示。

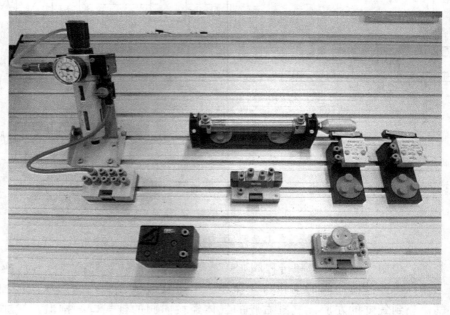

图 1.6.4　安装设备实物图

三、压力控制回路安装与检修步骤

① 根据回路选择相应的气动元件并将其安装在工作台上，检查是否牢固可靠。

② 按气流方向从工作回路到控制回路的顺序连接气管，检查气管接口是否正确或接入是否到位。

③ 根据需要调节两联件上的调压阀，调定系统工作压力为 6bar。

④ 调节压力顺序阀的压力设定螺钉，设定工作压力的大小。

⑤ 打开气源总开关，检查回路是否有漏气现象。

⑥ 按下开关，检查回路是否能实现压力控制的要求。

⑦ 首先关闭气源总开关，然后拆下气动元件并按原位放回元件柜。

巩固与提高

1. 根据控制要求设计其气动控制回路。

（1）如图 1.6.5 所示塑料模压机，用一个双作用气缸对塑料组件进行模压加工。当按下按钮时，气缸向前运动并挤压塑料组件；当达到设定的压力时，气缸退回（挤压力是可以调节的）。

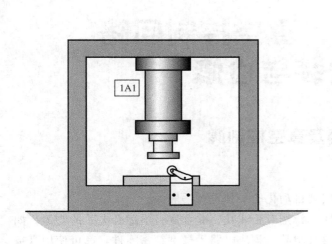

图 1.6.5 塑料模压机

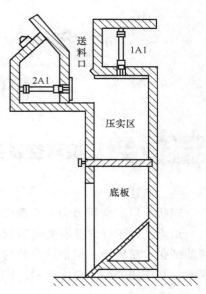

图 1.6.6 碎料压实机示意图

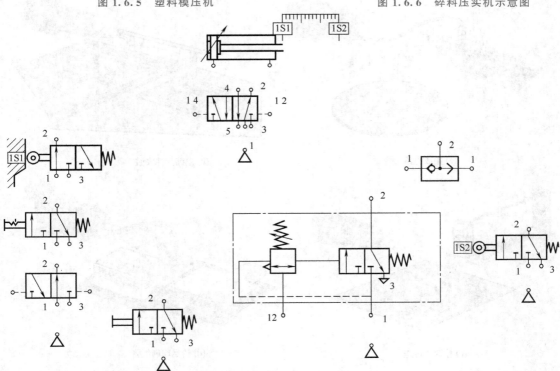

图 1.6.7 连接过载自动保护回路

（2）如图 1.6.6 所示，碎料在碎料压实机中经过压实后运出。原料由送料口送入压实机中，气缸 2A1 将其推入压实区，气缸 1A1 对碎料进行压实。气缸 1A1 活塞在一个手动按钮控制下伸出，对碎料进行压实。当气缸无杆腔压力达到 5bar 时，则表明一个压实过程结束，气缸活塞自动缩回。这时可以打开压实区的底板，将压实后的碎料从压实机底部取出。

2. 如图 1.6.7 所示过载自动保护回路，当气缸活塞在伸出的途中如果遇到阻碍过载，会自动返回，并停止循环工作。按要求完成气管的连接。

任务七　真空控制回路的安装与检修

子任务一　认识真空发生器及真空控制阀

一、概述

现状：以真空压力为动力源已成为实现自动化的一种重要手段。

用途：对于任何具有光滑表面的物体，特别对于非铁、非金属且不适合夹紧的物体，如薄的纸张、塑料膜、铝箔、易碎的玻璃及其制品、集成电路等微型精密零件，都可使用真空吸附，其应用如图 1.7.1 所示。

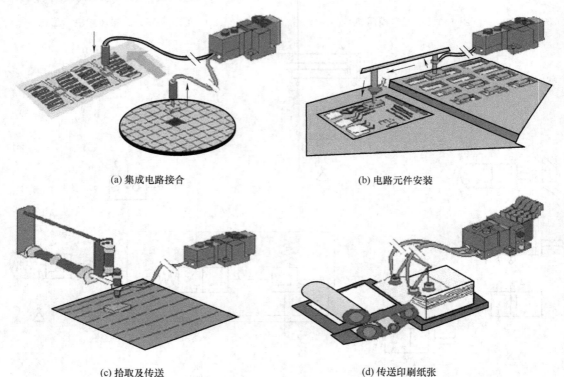

(a) 集成电路接合　　　　　　　　　　　　(b) 电路元件安装

(c) 拾取及传送　　　　　　　　　　　　　(d) 传送印刷纸张

图 1.7.1　真空吸附的应用

真空发生装置的分类如下。

① 真空泵：适合连续、大流量工作，不宜频繁启停，适合集中使用。

② 真空发生器：需供应压缩空气，宜用于流量不大的间歇工作。

二、真空发生器

图 1.7.2 所示真空发生器根据喷射器原理产生真空。当压缩空气从进气口 1 流向排气口 3 时，由于气体的黏性，高速的射流卷吸走真空口 1V 内的气体，使真空口 1V 处形成很低的真空度。真空吸盘与真空口 1V 连接，靠真空的压力便可以将吸吊物吸起。如果在进气口 1 无压缩空气，则抽空过程就会停止。

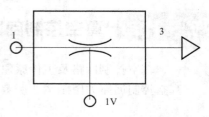

图 1.7.2　真空发生器图形符号

三、真空控制阀

图 1.7.3 所示真空控制阀用于检测真空压力的大小。只要控制口 12 上的真空压力达到真空控制阀的设定值，二位三通换向阀进气口 1 与工作口 2 接通。

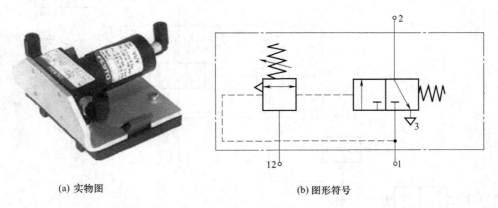

(a) 实物图　　　　　　　　(b) 图形符号

图 1.7.3　真空控制阀

四、真空吸盘

图 1.7.4 所示真空吸盘是直接吸吊物体的元件，通常由橡胶材料与金属骨架压制而成。真空吸盘的安装方式分为螺纹连接和带缓冲体连接两种。

五、真空过滤器

基本概念：图 1.7.5 所示真空过滤器是将大气中吸入的污染物（主要是尘埃）收集起

图 1.7.4　真空吸盘

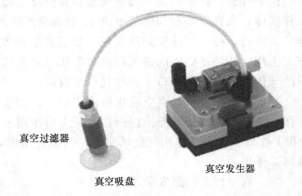

图 1.7.5　真空过滤器、真空吸盘和真空发生器的连接

来，以防止真空系统中的元件受污染而出现故障。

基本要求：滤芯污染程度的确认简单，清扫污染物容易，结构紧凑，不致使真空到达的时间延长。进出口不能接反，配管处不能有泄漏。

子任务二　真空控制回路

一、真空控制回路及工作原理

真空控制回路如图 1.7.6 所示。

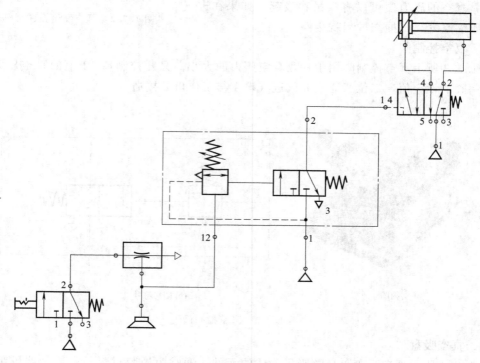

图 1.7.6　真空控制回路

图 1.7.6 所示真空控制回路工作原理如下。

初始，气缸活塞杆处于退回状态。

按下开关，控制气体经过开关流到真空发生器入口 1，真空发生器产生真空，真空吸盘吸住物体。当真空控制阀的信号口 12 的真空度达到了调定值，真空控制阀的进气口 1 与工作口 2 接通，控制气体流到单气控二位五通换向阀的控制口 14，二位五通换向阀切换到左位，工作气体经换向阀的进气口 1 和工作口 4 流到双作用气缸的左腔，活塞杆伸出，气缸的右腔气体经换向阀工作口 2 和排气口 3 排出。

当把开关断开后，真空发生器停止工作，真空吸盘松开物体，真空控制阀的进气口 1 与工作口 2 断开，二位五通换向阀在弹簧力的作用下切换到右位，工作气体经换向阀的进气口 1 和工作口 2 流到双作用气缸的右腔，活塞杆退回，气缸的左腔气体经换向阀工作口 4 和排气口 5 排出。

二、真空控制回路安装设备

① 安装设备清单如表 1.7.1 所示。

表 1.7.1　安装设备清单

编　号	元件名称	数　量
1	空气压缩机	1台
2	压缩空气分配板	1块
3	气管	若干条
4	两联件	1个
5	自锁开关	1个
6	两端可调缓冲式双作用气缸	1个
7	真空发生器	1个
8	真空控制阀	1个
9	单气控二位五通换向阀	1个

② 安装设备实物图如图 1.7.7 所示。

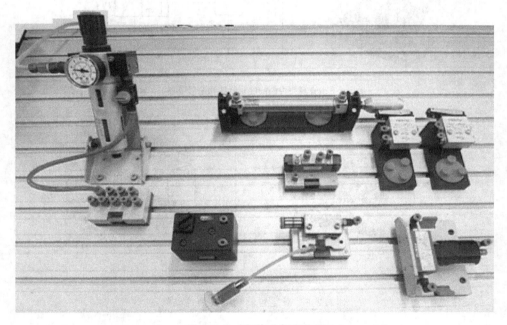

图 1.7.7　安装设备实物图

三、真空控制回路安装与检修步骤

① 根据回路选择相应的气动元件并将其安装在工作台上，检查是否牢固可靠。

② 按气流方向从工作回路到控制回路的顺序连接气管，检查气管接口是否正确或接入是否到位。

③ 根据需要调节两联件上的调压阀，调定系统工作压力为 6bar。

④ 调节真空控制阀设定真空压力的大小。

⑤ 打开气源总开关，检查回路是否有漏气现象。

⑥ 按下开关，真空发生器产生真空，当真空值达到真空控制阀的给定值后，气缸活塞杆伸出；开关复位，气缸活塞杆返回，检查回路是否能实现其控制要求。

⑦ 首先关闭气源总开关，然后拆下气动元件并按原位放回元件柜。

巩固与提高

1. 填空题。

（1）真空度相对于大气压的压力，比大气压_____的压力值。

（2）真空发生装置分_____和_____两种。

（3）真空吸盘的安装方式分为_____和_____两种。

（4）真空系统通常同_____、_____、_____和_____等组成。

（5）真空发生器根据_____原理产生真空。

2. 分析图 1.7.8 所示真空控制阀与压力控制阀的工作原理有什么不同？

 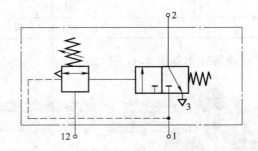

(a) 真空控制阀的实物图和图形符号

 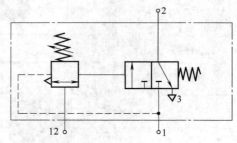

(b) 压力控制阀的实物图和图形符号

图 1.7.8　真空控制阀与压力控制阀

任务八　节流调速回路的安装与检修

子任务一　认识单向节流阀

　　单向节流阀用于调节压缩空气流量的大小及其方向。它是由单向阀和节流阀并联组合而成的流量控制阀，常用于气缸的速度控制，故又称速度控制阀。如图 1.8.1 所示，当气体从左流向右时，只能流经节流阀，这时调节节流阀开口的大小可以控制气流量的大小；当气体从右流向左时，只能流经单向阀，这时调节节流阀开口的大小不能控制气流量的大小。

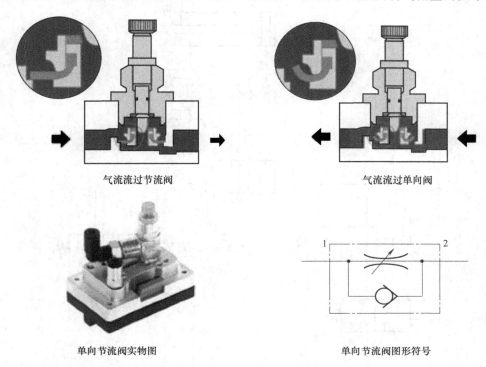

气流流过节流阀　　　　　　　　　　　　　气流流过单向阀

单向节流阀实物图　　　　　　　　　　　　单向节流阀图形符号

图 1.8.1　单向节流阀

子任务二　节流调速回路

一、节流调速回路及工作原理

节流调速回路分为进气节流调速回路（见图 1.8.2）和排气节流调速回路（见图 1.8.3）两种。进气节流调速回路与排气节流调速回路的工作特点如表 1.8.1 所示。

表 1.8.1　进气节流调速回路与排气节流调速回路的工作特点

特　　性	进气节流调速	排气节流调速
低速平稳性	易产生低速爬行	好
阀的开口度与速度	没有比例关系	有比例关系
惯性的影响	对调速特性有影响	对调速特性有影响（很小）
启动延时	小	与负载成正比
启动加速度	小	大
行程终点速度	大	约等于平均速度
缓冲能力	小	大

图 1.8.3 所示排气节流调速回路工作原理如下。

初始，气缸的活塞杆处于退回状态。

按下开关，控制气体经开关和行程阀 1S1 流到控制口 14，双气控二位五通换向阀切换到左位，工作气体经过换向阀的工作口 4 和单向节流阀的单向阀流到气缸的左腔，气缸右腔

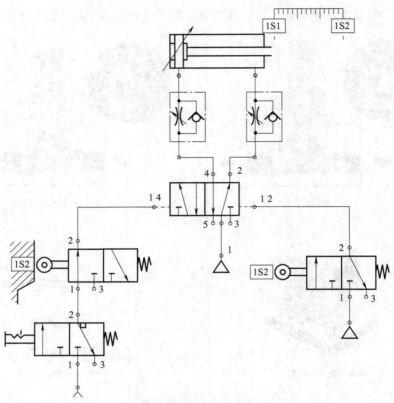

图 1.8.2 进气节流调速回路

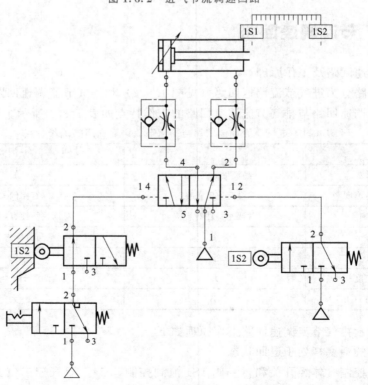

图 1.8.3 排气节流调速回路

的气体经单向节流阀的节流口，从换向阀的排气口 3 排出，气缸活塞杆伸出。调节节流阀开口的大小，改变气缸的排气量从而控制气缸活塞杆伸出的速度。

当行程阀 1S2 被压下后，控制气体经过行程阀 1S2 流到控制口 12，双气控二位五通换向阀切换到右位，工作气体经过换向阀的工作口 2 和单向节流阀的单向阀流到气缸的右腔，气缸左腔的气体经单向节流阀的节流口，从换向阀的排气口 5 排出，气缸活塞杆退回。调节节流阀开口的大小，改变气缸的排气量从而控制气缸活塞杆退回的速度。

当行程阀 1S1 被再次压下后，气缸进入下一次循环运动，直到开关复位，气缸完成最后一次工作循环，停止运动。

二、节流调速回路安装设备

① 安装设备清单如表 1.8.2 所示。

表 1.8.2　安装设备清单

编　号	元 件 名 称	数　　量
1	空气压缩机	1 台
2	压缩空气分配板	1 块
3	气管	若干条
4	两联件	1 个
5	自锁开关	1 个
6	两端可调缓冲式双作用气缸	1 个
7	滚轮杠杆式行程阀	2 个
8	单向节流阀	2 个
9	双气控二位五通换向阀	1 个

② 安装设备实物图如图 1.8.4 所示。

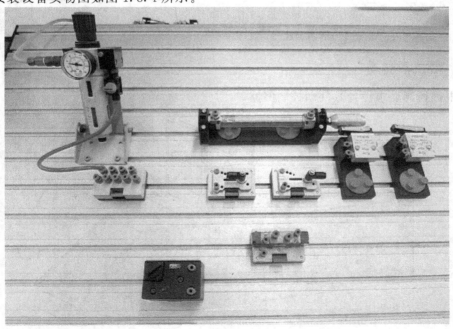

图 1.8.4　安装设备实物图

三、节流调速回路安装与检修步骤

① 根据回路选择相应的气动元件并将其安装在工作台上，检查是否牢固可靠。

② 按气流方向从工作回路到控制回路的顺序连接气管，检查气管接口是否正确或接入是否到位。

③ 根据需要调节两联件上的调压阀，调定系统工作压力为 4bar。

④ 打开气源总开关，检查回路是否有漏气现象。

⑤ 按下开关，气缸连续往复运动，调节单向节流阀节流口的大小控制活塞杆的运动速度，检查回路是否能实现其控制要求。

⑥ 首先关闭气源总开关，然后拆下气动元件并按原位放回元件柜。

四、节流调速回路安装与检修思考题

① 如图 1.8.5 所示进气节流调速回路，调整气缸活塞杆伸出速度应调节哪个节流阀？调整气缸活塞杆退回速度应调节哪个节流阀？

② 如图 1.8.6 所示排气节流调速回路，调整气缸活塞杆伸出速度应调节哪个节流阀？调整气缸活塞杆退回速度应调节哪个节流阀？

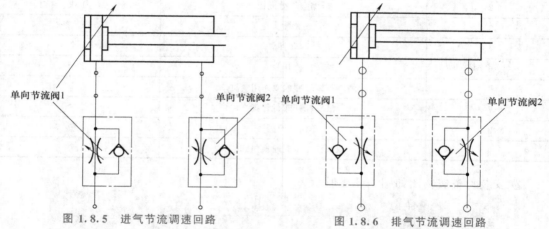

图 1.8.5　进气节流调速回路　　　　图 1.8.6　排气节流调速回路

 巩固与提高

1. 根据控制要求设计其气动控制回路。

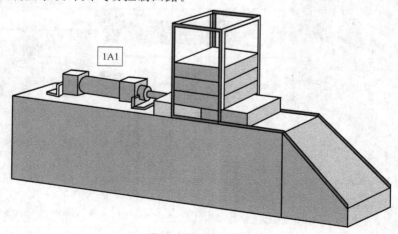

1A1

图 1.8.7　推料装置

（1）如图 1.8.7 所示，一个双作用气缸将料仓中的工件推到一个斜槽上去。按下按钮，气缸活塞杆将完全伸出。气缸活塞杆尚未到达完全伸出的位置以前，不会回缩。用一个滚轮杠杆式行程阀来检测气缸的位置。在气缸活塞杆没有到达终点时，即使按钮松开，气缸活塞杆也继续向前运动，气缸活塞杆的速度在两个运动方向上均可调节。

（2）如图 1.8.8 所示，利用一个气缸将从下方传送装置送来的零件抬升到上方的传送装置用于进一步加工。气缸活塞杆伸出要求利用一个按钮来控制；活塞杆的缩回则要求在其伸出到位后自动实现。为避免活塞杆运动速度过高产生的冲击对零件和设备造成机械损害，要求气缸活塞杆运动速度应可以调节。

2. 分析图 1.8.9 所示单作用气缸速度控制回路的工作原理。

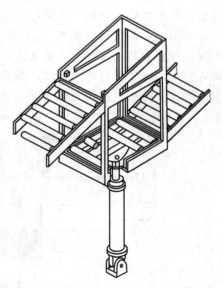

图 1.8.8 工件抬升装置示意图

3. 进气节流调速回路与排气节流调速回路的工作特点有什么不同？图 1.8.10 所示气缸专门用于下放一定重量的物体，那么最好采用哪种调速回路？为什么？

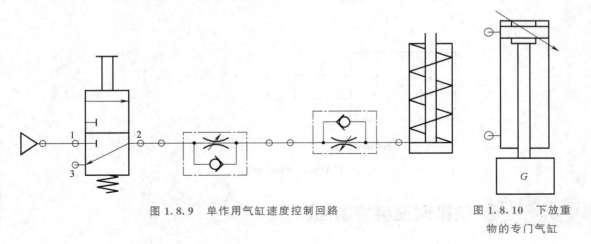

图 1.8.9 单作用气缸速度控制回路　　　　图 1.8.10 下放重物的专门气缸

任务九　快排阀速度控制回路的安装与检修

子任务一　认识快排阀

快排阀（全称快速排气阀）用于提高气缸活塞动作的速度，特别是在单作用气缸情况下，它可以避免回程时间过长的问题。快排阀常装在换向阀和气缸之间，使气缸的排气不用通过换向阀而快速排出，从而加快了气缸活塞往复运动速度，缩短了工作周期。

如图 1.9.1 所示快排阀，1 口接气源，2 口接执行元件，3 口通大气。当气流从 1 口流入时，阀芯上移，快排口 3 被堵住，1 口与 2 口相通，给执行元件供气；当 1 口无压缩空气输入时，气流从 2 口流向 1 口，阀芯下移，1 口被堵住，气流从快排口 3 快速排出。为了减少流阻，快排阀直接安装在气缸上或应靠近气缸安装。

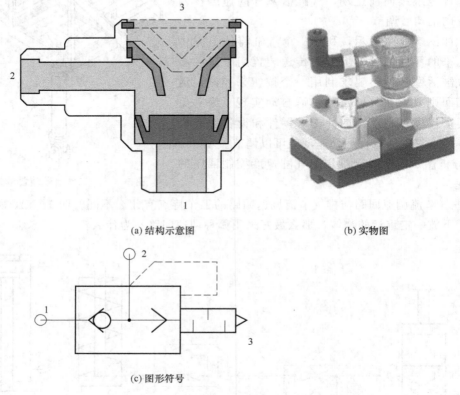

(a) 结构示意图   (b) 实物图

(c) 图形符号

图 1.9.1   快排阀

子任务二   快排阀速度控制回路

一、快排阀速度控制回路及工作原理

快排阀速度控制回路如图 1.9.2 所示。

图 1.9.2 所示快排阀速度控制回路工作原理如下。

初始，气缸的活塞杆处于退回状态。

按下开关，控制气体经开关和行程阀 1S1 流到控制口 14，双气控二位五通换向阀切换到左位，工作气体经过换向阀的工作口 4 和快排阀的 2 口流到气缸的左腔，气缸右腔的气体经单向节流阀的节流口，从换向阀的排气口 3 排出，气缸活塞杆伸出。调节节流阀开口的大小，改变气缸的排气量从而控制气缸活塞杆伸出的速度，使气缸活塞杆实现慢进。

当行程阀 1S2 被压下时，控制气体经过行程阀 1S2 流到控制口 12，双气控二位五通换向阀切换到右位，工作气体经过换向阀的工作口 2 和单向节流阀的单向阀流到气缸的右腔，气缸左腔的气体经快排阀的排气口 3 快速排出，使气缸活塞杆能实现快退。

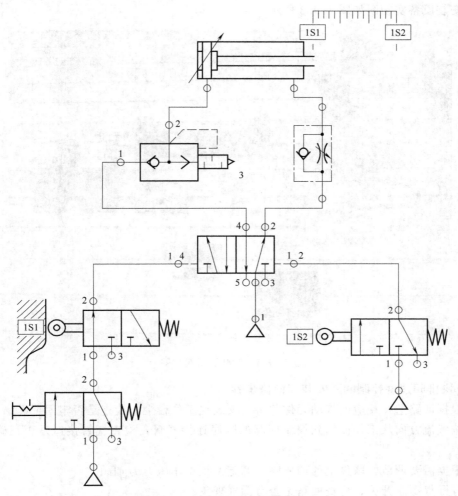

图 1.9.2　快排阀速度控制回路

当行程阀 1S1 被再次压下后，气缸进入下一次循环运动，直到开关复位，气缸完成最后一次工作循环，停止运动。

二、快排阀速度控制回路安装设备

① 安装设备清单如表 1.9.1 所示。

表 1.9.1　安装设备清单

编　号	元件名称	数　量
1	空气压缩机	1 台
2	压缩空气分配板	1 块
3	气管	若干条
4	两联件	1 个
5	自锁开关	1 个
6	两端可调缓冲式双作用气缸	1 个
7	滚轮杠式杆式行程阀	2 个
8	快排阀	1 个
9	双气控二位五通换向阀	1 个
10	单向节流阀	1 个

② 安装设备实物图如图 1.9.3 所示。

图 1.9.3　安装设备实物图

三、快排阀速度控制回路安装与检修步骤

① 根据回路选择相应的气动元件并将其安装在工作台上，检查是否牢固可靠。

② 按气流方向从工作回路到控制回路的顺序连接气管，检查气管接口是否正确或接入是否到位。

③ 根据需要调节两联件上的调压阀，调定系统工作压力为 4bar。

④ 打开气源总开关，检查回路是否有漏气现象。

⑤ 按下开关，气缸连续往复运动，检查回路是否能实现慢进、快退的控制要求。

⑥ 首先关闭气源总开关，然后拆下气动元件并按原位放回元件柜。

 巩固与提高

1. 根据控制要求设计其气动控制回路。

图 1.9.4 所示弯角装置用一个按钮和行程阀控制一个成形器向前运动。为了迅速地向前运动，回路采用了快排阀。通过双作用气缸向前运，将一块平板弯角。如果松开按钮，则双作用气缸慢慢地回到初始位置。

2. 改正图 1.9.5 所示回路连接的错误。

3. 图 1.9.6 所示的元件将被用于（　　）。

A. 一个"或"的逻辑运行时

B. 一个"与"的逻辑运行时

C. 压缩空气需要在两个方向被关断时

D. 需要提高气缸活塞杆的运动速度时

E. 需要降低气缸活塞杆的运动速度时

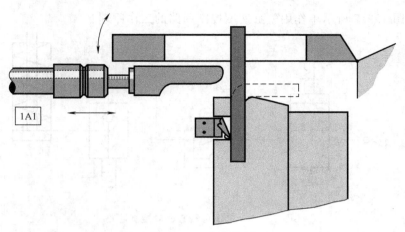

图 1.9.4 弯角装置

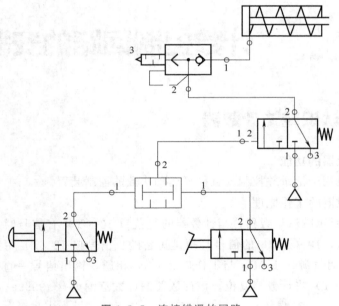

图 1.9.5 连接错误的回路

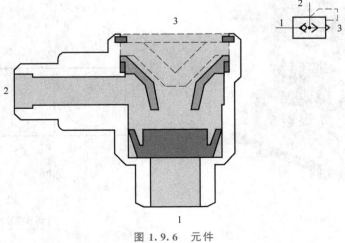

图 1.9.6 元件

4. 分析图 1.9.7 所示单作用气缸速度控制回路的工作原理。

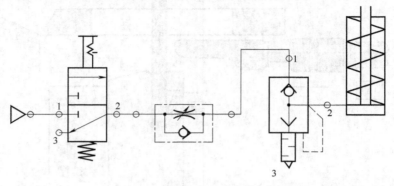

图 1.9.7　单作用气缸速度控制回路

任务十　计数控制回路的安装与检修

子任务一 **认识减法计数器**

一、减法计数器的功能

减法计数器是用于记录并控制气缸往复运动次数的控制装置。

二、减法计数器的工作原理

如图 1.10.1 所示减法计数器，当计数器的复位口 10（Y）有信号时，则计数器恢复到原来的设定计数值，10（Y）口的信号必须是短暂的。信号口 12（Z）每得一次信号，计数器减 1，计数为 0 时气源口 1（P）与工作口 2（A）相通，输出信号一直被保持，直至通过手动或复位口 10（Y）将计数器复位。该计数器的计数范围为 0~99999。

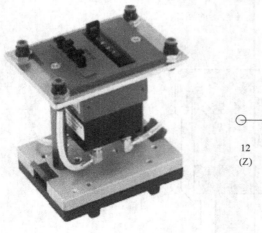

(a) 实物图

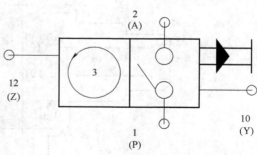

(b) 图形符号

图 1.10.1　减法计数器

减法计数器接口的功能如下。

① 1 (P) 口：进气口。

② 2 (A) 口：工作口。

③ 10 (Y) 口：复位口。

④ 12 (Z) 口：信号口。

切记请勿在计数器计数的过程中进行手动重新设置计数次数，这样容易损坏计数器。

子任务二 计数控制回路

一、计数控制回路及工作原理

计数控制回路如图 1.10.2 所示。

图 1.10.2 所示计数控制回路工作原理如下。

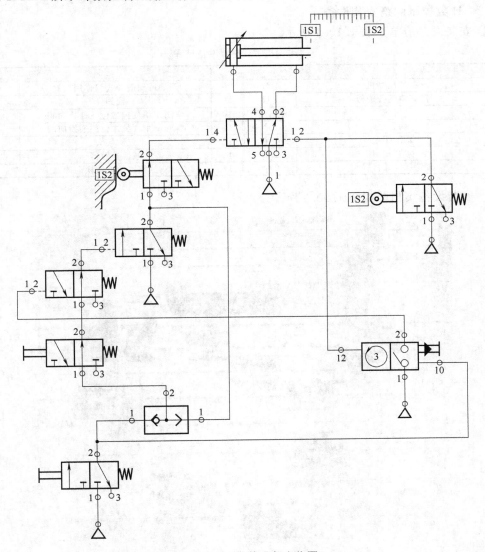

图 1.10.2 安装设备实物图

初始，气缸活塞杆处于退回状态，手动设定计数器计数次数（如 10 次）。

按下启动按钮，控制气体经按钮流出，一个分支气体流到计数器复位口 10，使计数器自动复位到设定的计数次数（如 10 次）；另一分支气体经或阀、常闭按钮和常闭型单气控二位三通换向阀流到常开型二位三通换向阀控制口 12。控制气体经常开型二位三通换向阀流出，一个分支气体流到或阀，使常开型二位三通换向阀控制口 12 的气路形成自锁；另一分支气体经行程阀 1S1 流到双气控二位五通换向阀的控制口 14，气缸活塞杆伸出。当行程阀 1S2 被压下后，控制气体经行程阀 1S2 流出，一个分支气体流到计数器的信号口 12，计数器计数 1 次（即减 1）；另一分支气体流到双气控二位五通换向阀的控制口 12，气缸活塞杆退回。当行程阀 1S1 被重新压下后，回路进入下一次工作循环。

当计数器完成计数（即显示为 0）时，计数器 1 口和 2 口接通，控制气体流到常闭型二位三通换向阀的控制口 12，使常开型二位三通换向阀控制口 12 的自锁气路断开，回路停止工作。如果计数过程要临时停止回路的工作，可以按下常闭按钮。

二、计数控制回路安装设备

① 安装设备清单如表 1.10.1 所示。

表 1.10.1　安装设备清单

编号	元件名称	数量	编号	元件名称	数量
1	空气压缩机	1 台	8	两端可调缓冲式双作用气缸	1 个
2	压缩空气分配板	1 块	9	或阀	1 个
3	气管	若干条	10	常闭型单气控二位三通换向阀	1 个
4	两联件	1 个	11	常开型单气控二位三通换向阀	1 个
5	常闭按钮	1 个	12	三通接头	3 个
6	常开按钮	1 个	13	减法计数器	1 个
7	滚轮杠杆式行程阀	2 个	14	双气控二位五通换向阀	1 个

② 安装设备实物图如图 1.10.3 所示。

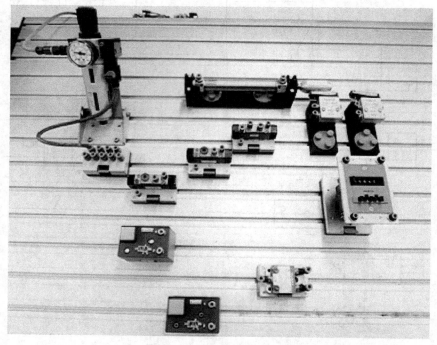

图 1.10.3　安装设备实物图

三、计数控制回路安装与检修步骤

① 根据回路选择相应的气动元件并将其安装在工作台上，检查是否牢固可靠。

② 按气流方向从工作回路到控制回路的顺序连接气管，检查气管接口是否正确或接入是否到位。

③ 根据需要调节两联件上的调压阀，调定系统工作压力为 4bar。

④ 手动设置减法计数器计数的次数为 10 次。

⑤ 打开气源总开关，检查回路是否有漏气现象。

⑥ 按下开关，气缸连续往复运动，减法计数器开始计数，检查回路能否正常计数、计数到能否自动停止运动及中途按下常闭按钮能否自动暂停。

⑦ 首先关闭气源总开关，然后拆下气动元件并按原位放回元件柜。

 巩固与提高

1. 完成图 1.10.4 所示气动回路气管的连接，使其具有计数功能。

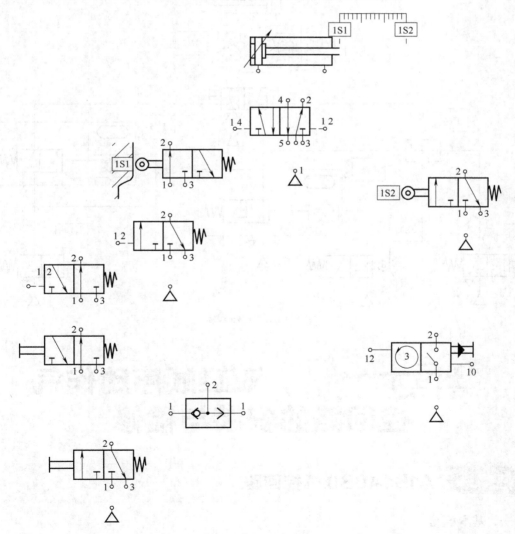

图 1.10.4　连接气动回路

2. 分析图 1.10.5 所示减法计数器各接口的功能。

P 口：＿＿＿＿＿＿＿＿＿＿＿＿

A 口：＿＿＿＿＿＿＿＿＿＿＿＿

Z 口：＿＿＿＿＿＿＿＿＿＿＿＿

Y 口：＿＿＿＿＿＿＿＿＿＿＿＿

3. 分析图 1.10.6 所示气动系统所包含基本回路。

1：＿＿＿＿＿＿＿＿＿＿＿回路

2：＿＿＿＿＿＿＿＿＿＿＿回路

3：＿＿＿＿＿＿＿＿＿＿＿回路

4：＿＿＿＿＿＿＿＿＿＿＿回路

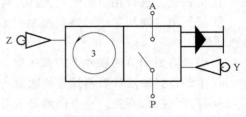

图 1.10.5 减法计数器

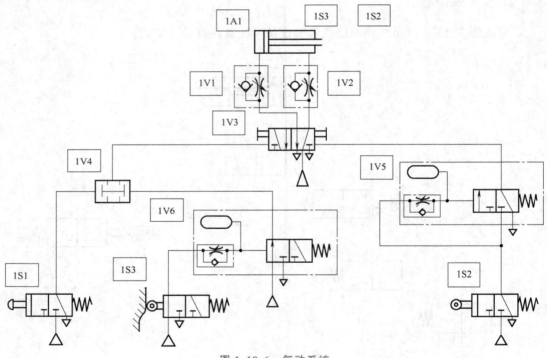

图 1.10.6 气动系统

任务十一　双缸顺序动作气控回路的安装与检修

子任务一　A1B1A0B0 气控回路

一、基本单元

在回路设计中规定如图 1.11.1 所示基本单元，用大写字母 A、B、C 等表示气缸，大写字母后面的数字 1、0 表示气缸活塞杆伸出和退回的两种动作状态。如 A1 表示气缸 A 活塞杆处于伸出状态，A0 表示气缸 A 活塞杆处于退回状态。用带数字 1、0 的小字母 a、b、c 等分别表示相应的气缸活塞杆伸出或退回到终端位置时所碰到的行程阀。如用 a1 表示气缸 A 活塞杆伸出时碰到的行程阀，用 a0 表示气缸 A 活塞杆退回到终端位置所碰到的行程阀。

二、A1B1A0B0 气控回路及工作原理

A1B1A0B0 气控回路如图 1.11.2 所示。

图 1.11.2 所示 A1B1A0B0 气控回路工作原理如下。

初始，气缸 A 和 B 的活塞杆处于退回状态。

按下开关，控制气体经行程阀 2S1 流到控制口 14，A 气缸双气控二位五通换向阀切换到左位，A 气缸活塞杆伸出。

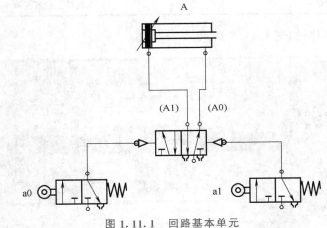

图 1.11.1 回路基本单元

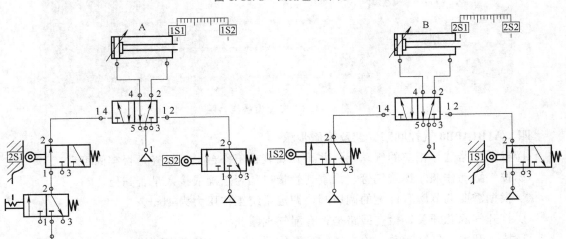

图 1.11.2 A1B1A0B0 气控回路

当行程阀 1S2 被压下后，控制气体经过行程阀 1S2 流到控制口 14，B 气缸双气控二位五通换向阀切换到左位，B 气缸活塞杆伸出。

当行程阀 2S2 被压下后，控制气体经过行程阀 2S2 流到控制口 12，A 气缸双气控二位五通换向阀切换到右位，A 气缸活塞杆退回。

当行程阀 1S1 被压下后，控制气体经过行程阀 1S1 流到控制口 12，B 气缸双气控二位

五通换向阀切换到右位，B气缸活塞杆退回。

当行程阀2S1被重新压下后，系统进入下一次循环工作，直到开关复位，系统完成最后一次循环停止工作。

三、A1B1A0B0气控回路安装设备

① 安装设备清单如表1.11.1所示。

表1.11.1　安装设备清单

编号	元件名称	数量	编号	元件名称	数量
1	空气压缩机	1台	5	自锁开关	1个
2	压缩空气分配板	1块	6	两端可调缓冲式双作用气缸	2个
3	气管	若干条	7	滚轮杠杆式行程阀	4个
4	两联件	1个	8	双气控二位五通换向阀	2个

② 安装设备实物图如图1.11.3所示。

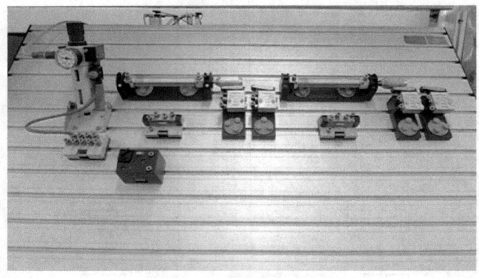

图1.11.3　安装设备实物图

四、A1B1A0B0气控回路安装及检修步骤

① 根据回路选择相应的气动元件并将其安装在工作台上，检查是否牢固可靠。

② 按气缸动作顺序连接气管，检查气管接口是否正确或接入是否到位。

③ 根据需要调节两联件上的调压阀，调定系统工作压力为4bar。

④ 打开气源总开关，检查回路是否有漏气现象。

⑤ 按下开关，气缸运动，检查气缸是否按照A1B1A0B0顺序动作。

⑥ 首先关闭气源总开关，然后拆下气动元件并按原位放回元件柜。

子任务二　A1B1B0A0气控回路

一、障碍信号的定义

在一个工作程序中每个气缸活塞只往复一次的程序称为单往复程序。在单往复程序中，

若在某个主控阀的两个控制口上同时存在两个相互矛盾的输入信号，则其中一个为另一个信号的障碍信号。如图 1.11.4 所示，a0 是 a1 的障碍信号。

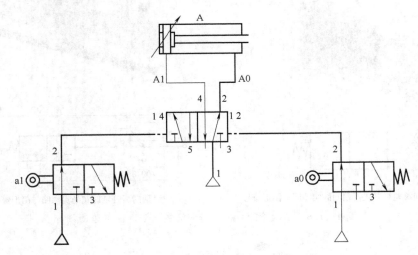

图 1.11.4　障碍信号

二、区间直观法

在任何一个程序中，每个气缸的动作都是受上一个气缸动作终端的行程阀发出的信号命令动作的。因此，每个气缸对其下一个动作的气缸来说是发令缸，而对其上一个动作来说又是受令缸。若程序中在发令缸 A 的往复区间［A1…A0］（简称 A10）或复往区间［A0…A1］（简称 A01），存在其受令缸 B 完成一次往复（或复往）动作（不一定是连续往复），则程序中原始信号 a1（或 a0）是障碍信号，如图 1.11.5 所示。

例：用区间直观法判别程序 A1B1B0A0 的障碍信号。

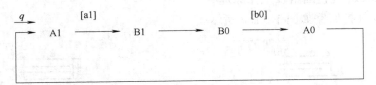

图 1.11.5　障碍信号判定

如图 1.11.5 所示，在发令缸 A1（对 B1 而言）的往复区间 A10 内有受令缸 B1（对 A1 而言）的往复动作 B1 和 B0，所以 A1 动作所发出的信号 a1 是障碍信号，记为［a1］。同样，在发令缸 B0（对 A0 而言）的复往区间 B01 内有受令缸 A0（对 B0 而言）的往复动作 A0 和 A1，所以 B0 动作所发出的信号 b0 为障碍信号，记为［b0］。

三、障碍信号排除方法

1. 脉冲信号法

用单向滚轮杠杆式行程阀或延时断开延时阀（见图 1.11.6）使气缸在一个往复动作中只发出一个短脉冲信号，缩短信号的长度以达到消除障碍信号的目的。

2. 引入中间记忆元件法

借助中间记忆元件，如图 1.11.7 所示双气控二位五通换向阀，对障碍信号进行有效的通断控制。

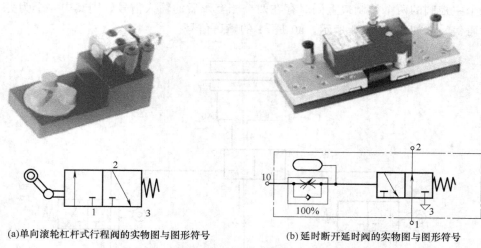

(a)单向滚轮杠杆式行程阀的实物图与图形符号　　(b)延时断开延时阀的实物图与图形符号

图 1.11.6　单向滚轮杠杆式行程开关与延时断开延时阀

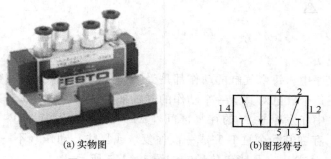

(a)实物图　　　　　　　　(b)图形符号

图 1.11.7　双气控二位五通换向阀

四、A1B1B0A0 气控回路及工作原理

A1B1B0A0 气控回路如图 1.11.8 所示。

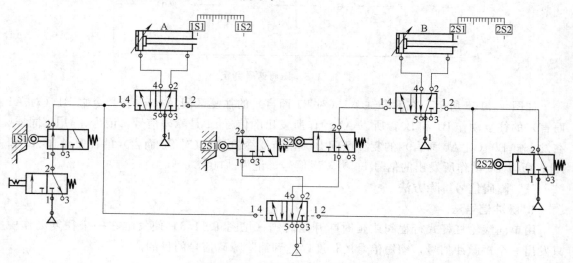

图 1.11.8　A1B1B0A0 气控回路

图 1.11.8 所示 A1B1B0A0 气控回路工作原理如下
初始，气缸 A 和气缸 B 处于退回状态。

　　按下开关，控制气体一分支经行程阀 1S1 流到控制口 14，另一分支流到中间记忆元件双气控二位五通换向阀控制口 14，断开行程阀 2S1 的气源，A 气缸双气控二位五通换向阀切换到左位，A 气缸活塞杆伸出。

　　当行程阀 1S2 被压下后，控制气体经过行程阀 1S2 流到控制口 14，B 气缸双气控二位五通换向阀切换到左位，B 气缸活塞杆伸出。

　　当行程阀 2S2 被压下后，控制气体一分支经行程阀 2S2 流到控制口 12，另一分支流到中间记忆元件双气控二位五通换向阀控制口 12，断开行程阀 1S2 的气源，B 气缸双气控二位五通换向阀切换到右位，B 气缸活塞杆退回。

　　当行程阀 2S1 被压下后，控制气体经过行程阀 2S1 流到控制口 12，A 气缸双气控二位五通换向阀切换到右位，A 气缸活塞杆退回。

　　当行程阀 1S1 被重新压下后，系统进入下一次循环工作，直到开关复位，系统完成最后一次循环停止工作。

五、A1B1B0A0 气控回路安装设备

① 安装设备清单如表 1.11.2 所示。

表 1.11.2　安装设备清单

编号	元件名称	数量	编号	元件名称	数量
1	空气压缩机	1 台	6	两端可调缓冲式双作用气缸	2 个
2	压缩空气分配板	1 块	7	滚轮杠杆式行程阀	4 个
3	气管	若干条	8	双气控二位五通换向阀	3 个
4	两联件	1 个	9	三通接头	2 个
5	自锁开关	1 个			

② 安装设备实物图如图 1.11.9 所示。

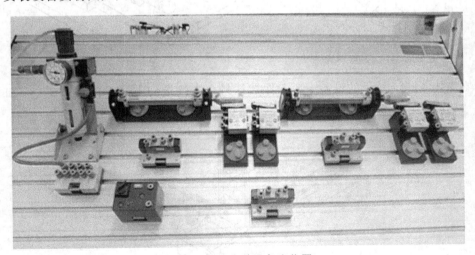

图 1.11.9　安装设备实物图

六、A1B1A0B0 气控回路安装及检修步骤

① 根据回路选择相应的气动元件并将其安装在工作台上，检查是否牢固可靠。

② 按气缸动作顺序连接气管，检查气管接口是否正确或接入是否到位。

③ 根据需要调节两联件上的调压阀，调定系统工作压力为 4bar。

④ 打开气源总开关，检查回路是否有漏气现象。

⑤ 按下开关，气缸运动，检查气缸是否按照 A1B1B0A0 顺序动作。

⑥ 首先关闭气源总开关，然后拆下气动元件并按原位放回元件柜。

 巩固与提高

1. 请根据控制要求设计其气动控制回路。

（1） 如图 1.11.10 所示送料单元，按下开关，气缸 A 伸出，将工件从料仓举起，接着气缸 B 伸出将工件推至另一条传送带，气缸 A 退回后，气缸 B 才退回，如此循环，直到开关复位，运动停止。

（2） 图 1.11.11 所示为钻孔机。工件的夹紧将通过一个手动按钮来完成，完成夹紧动作后，钻孔气缸推出，完成钻孔后钻孔气缸退回。夹紧缸必须在确认钻孔气缸完全退回时才能返回。

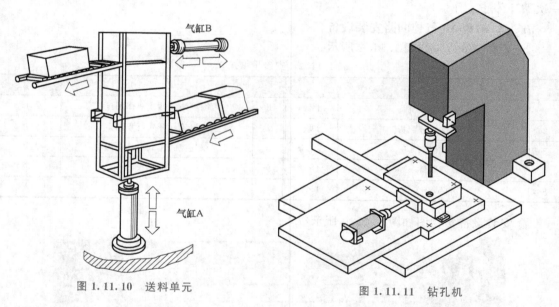

图 1.11.10　送料单元

图 1.11.11　钻孔机

2. 在图 1.11.12 所示的设备中，工件被从料仓中传送到下一工位，另一个气缸负责将

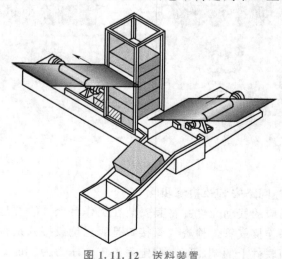

图 1.11.12　送料装置

工件继续推往下一工位。现在的任务是进一步完善该系统的描述。将会以怎样的工作顺序来完成这个工作呢？请根据工作顺序标注出步骤编号（表 1.11.3）。

表 1.11.3 工作步骤编号

工 作 内 容	步骤编号（1、2、3、4、5）
绘制回路图	（ ）
搭建回路	（ ）
列出元件清单	（ ）
绘制流程图	（ ）
系统测试	（ ）

模块二
液压系统安装与检修

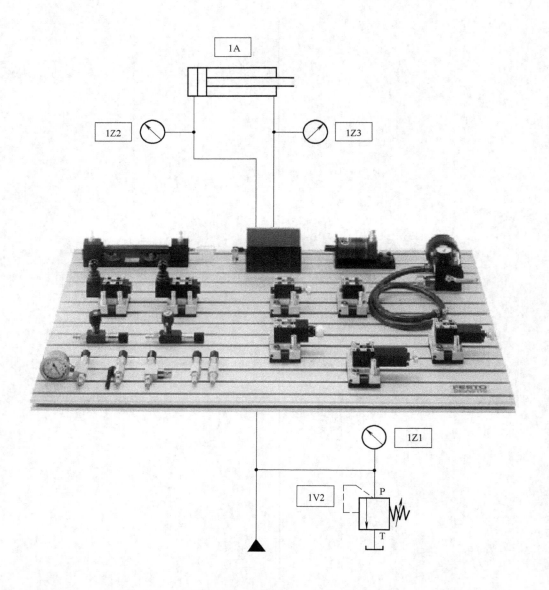

液压传动概述

子任务一　认识液压传动系统

一、液压传动的定义

液压传动是以液体为工作介质，利用液体的压力能来实现能量传递的传动方式。流体传动是以流体为工作介质进行能量转换、传递和控制的传动方式，包括液压传动、液力传动、气压传动和气力传动。液压传动主要利用液体的压力能来传递能量，液力传动主要利用液体的动能来传递能量。

液压传动、气压传动与其他传动的性能比较如表 2.1.1 所示。

表 2.1.1　液压传动、气压传动与其他传动的性能比较

类型		操作力	动作快慢	环境要求	构造	负载变化影响	操作距离	无级调速	工作寿命	维护	价格
气压传动		中等	较快	适应性好	简单	较大	中距离	较好	长	一般	便宜
液压传动		最大	较慢	不怕振动	复杂	有一些	短距离	良好	一般	要求高	稍贵
电传动	电气	中等	快	要求高	稍复杂	几乎没有	远距离	良好	较短	要求较高	稍贵
	电子	最小	最快	要求特高	最复杂	没有	远距离	良好	短	要求更高	最贵
机械传动		较大	一般	一般	一般	没有	短距离	较困难	一般	简单	一般

二、液压传动系统的组成

（1）动力装置　它是将电动机输出的机械能转换成油液液压能的装置，其作用是向液压系统提供压力油，如液压泵。

（2）执行装置　它是将油液的液压能转换成驱动负载运动的机械能的装置，如液压缸和液压马达。

（3）控制调节装置　它是对系统中油液压力、流量或流动方向进行控制或调节的装置，如压力控制阀、流量控制阀、方向控制阀等。

（4）辅助装置　它是对保证液压系统正常工作起着重要作用的装置，如油管、接头、油箱、过滤器、蓄能器、密封件、控制仪表、风冷器等。

（5）传动介质　它是指传递能量的液体，常用的是液压油。

图 2.1.1（b）所示为磨床工作台液压传动系统原理图。

图 2.1.2 所示为磨床工作台液压传动系统控制回路。

图 2.1.2 中磨床工作台液压传动系统中各部件功能如下。

液压缸：带动工作台左右往复运动。

换向阀：改变工作台运动方向。

节流阀：调节输入液压缸油液的流量，改变工作台运动速度。

开停阀：起开停作用。

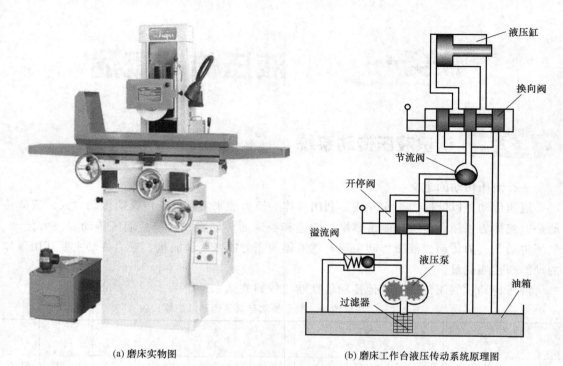

(a) 磨床实物图　　　　　　　　(b) 磨床工作台液压传动系统原理图

图 2.1.1　磨床实物图及其液压传动系统原理图

液压泵：将电动机机械能转换成油液的压力能。

过滤器：去除杂质。

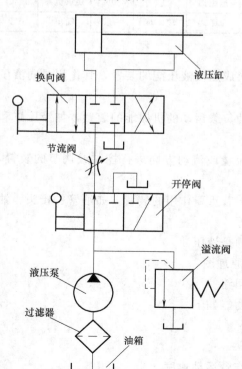

图 2.1.2　磨床工作台液压传动系统控制回路

油箱：储存液压液。

溢流阀：将多余的油液排回油箱。

液压缸活塞杆伸出时的油液流动路线如下。

进油路：① 油箱→液压泵→开停阀（左位）→节流阀→三位四通换向阀（左位）→单活塞杆液压缸（左腔）。

②油箱→液压泵→溢流阀→油箱。

回油路：单活塞杆液压缸（右腔）→三位四通换向阀（左位）→油箱。

液压缸活塞杆退回时的油液流动路线如下。

进油路：①油箱→液压泵→开停阀（左位）→节流阀→三位四通换向阀（右位）→单活塞杆液压缸（右腔）。

②油箱→液压泵→溢流阀→油箱。

回油路：单活塞杆液压缸（左腔）→三位四通换向阀（右位）→油箱。

当三位四通换向阀工作在中位时，液压缸活塞杆停在中间某一位置并锁紧。调节节流阀开口的大小可以控制液压缸活塞杆伸出和退回的速度。当开停阀工作在右位时，系统处于停止状态。

三、液压传动系统的优点

① 传递较大的力或转矩，承载能力大。

② 运动平稳，因为油液的可压缩量非常小且油液本身有吸振能力。

③ 液压元件能够自动润滑，液压系统通常采用液压油作工作介质。

④ 容易实现无级调速，调节油液的流量便可实现无级调速且调速范围广。

(a) 汽车液力转向系统

(b) 汽车维修升降台

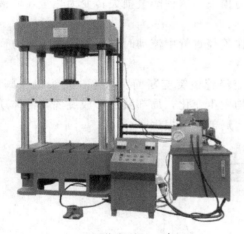

(c) 四柱油压机

(d) 工程机械

(e) 摩天轮

(f) 飞机起落架

图 2.1.3　液压传动技术的应用

⑤ 液压元件易于实现标准化、系列化和通用化。

⑥ 易于实现过载自动保护，可采取多重安全保护措施，避免事故的发生。

四、液压传动系统的缺点

① 易泄漏，对液压元件制造精度要求高，成本高，维护困难。

② 油液容易被污染，影响系统工作的可靠性。

③ 对油温变化敏感，影响系统工作稳定性，一般工作温度在$-15\sim60℃$。

④ 工作压力高，具有一定的危险性。

⑤ 压力损失大，不适宜远距离输送动力。

五、液压传动技术的应用

自18世纪末英国制成世界上第一台水压机算起，液压技术已有300多年的历史。液压传动技术被广泛应用于国防工业、机床工业、冶金工业、工程机械、汽车工业、船舶工业、农业机械等，其应用如图2.1.3所示。

子任务二　液压传动基础知识

一、液压系统的压力损失

液体在管路中流动时会产生能量损失，即压力损失。这种能量损失转变为热量，使液压系统温度升高，应尽量减少压力损失。

（1）沿程压力损失　如图2.1.4所示，液体在等径直管中流动时，因黏性内摩擦力而产生的压力损失，称为沿程压力损失。

（2）局部压力损失　如图2.1.4所示，液体流经管道突变断面、弯管、接头以及阀口、滤网等局部装置时，液流速度大小或方向或两者均发生变化，局部液流形成旋涡，液体质点间相互撞击而消耗能量时所造成的压力损失，称为局部压力损失。

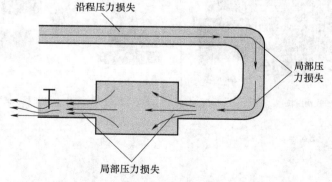

图2.1.4　沿程压力损失与局部压力损失

二、液压冲击

液压系统在突然启动、停机、变速或换向时，阀口突然关闭或动作突然停止，由于流动液体和运动部件惯性的作用，使系统内瞬时形成很高的峰值压力，这种现象称为液压冲击。

危害：损坏密封、引起设备振动、产生很大噪声以及压力继电器和顺序阀误动作。

措施：限制管道内的流速、适当加大管径、采用软管。

三、气穴现象

如图2.1.5所示，在流动的液体中，如果某点处的压力低于当时温度下油液的空气分离压时，溶解在油中的空气将迅速地分离出来而产生大量气泡，使液体成为不连续状态的现象，称为气穴现象。

危害：易造成液压元件内部腐蚀、寿命缩短。

措施：降低液压泵的吸油高度、加大吸油管径、吸油管有良好的密封。

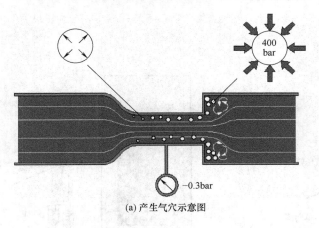 

(a) 产生气穴示意图   (b) 气穴腐蚀

图 2.1.5　气穴

四、层流与紊流

如图 2.1.6 所示，液体有两种流动状态：层流和紊流。在层流时，液体流速较慢，质点受黏性制约，不能随意运动，互不干扰，液体的流动呈线性或层状，且平行于管道轴线，意味着液体流动时各质点间的黏性力占主要地位。在紊流时，液体流速较快，黏性的制约作用减弱，液体质点的运动杂乱无章，意味着惯性力占主要地位。

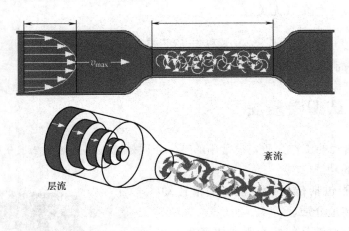

图 2.1.6　层流与紊流

五、液压传动的工作原理

① 能量的传递通过液体完成，如图 2.1.7 所示液压千斤顶。

② 液体压力：单位面积液体所受的力。

③ 帕斯卡原理：在密闭容器内施加于静止液体任一点的压力将以等值传到液体各点，即理想状态，认为静止液体内部各点的压力处处相等。

④ 液压传动：液体的压力能传递机械能。

六、液压传动的工作特点

① 力或力矩的传递通过液体压力实现，液压系统工作压力取决于外负载的大小（见图 2.1.8），即

$$p = \frac{F_2}{A_2} = \frac{F_1}{A_1}$$

式中　F_1、F_2——大小活塞的作用力；
　　　A_1、A_2——大小活塞的作用面积。

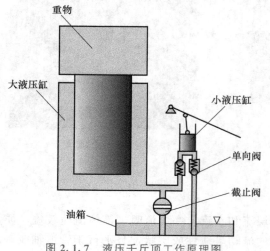

图 2.1.7　液压千斤顶工作原理图

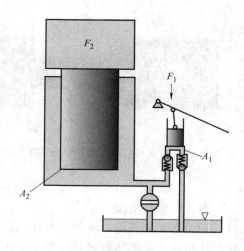

图 2.1.8　液压传动

② 活塞面积一定，运动速度只与输入流量有关，改变输入流量，实现无级调速。不考虑泄漏，运动速度与外负载无关。

$$v_1 = \frac{A_2 v_2}{A_1} = \frac{q}{A_1}$$

式中　q——单位时间的流量。

子任务三　认识液压油

液体是液压传动的工作介质，最常用的工作介质是液压油，如图 2.1.9 所示壳牌液压油。

一、液压油的功能

液压油的功能包括传递静压能、润滑传动部件以及作为热传递介质。

液压油的功能对油品的性能要求如表 2.1.2 所示。

表 2.1.2　液压油的功能对油品的性能要求

传递静压能	润滑传动部件	热传递介质
不可压缩	抗磨性好	热稳定性好
起泡小	防锈性好	抗氧化性好
空气释放性好	对金属无腐蚀	传热性好

图 2.1.9　壳牌液压油

二、液压油知名品牌

液压油知名品牌如图 2.1.10 所示。

中国石化　　　　　中国石油　　　　　英国嘉实多

美国加德士　　　　荷兰壳牌　　　　　美国美孚

法国道达尔　　　　英国石油　　　　　德国福斯

图 2.1.10　液压油知名品牌

三、黏性及黏度

1. 定义

问题：如图 2.1.11 所示，两个漏斗里装有油和水，为什么油漏得慢而水漏得快？

液体在外力作用下流动（或有流动趋势）时，分子间的内聚力阻碍分子间的相对运动而产生内摩擦力的性质称为黏性。黏性是液体的重要物理性质，也是选择液体用油的主要依据。液体在静止状态下是不呈

(a) 油　　　　　(b) 水

图 2.1.11　油和水的滴漏

现黏性的。液体黏性的大小用黏度来表示。液压油的黏度等级是以 40℃ 时运动黏度（以 mm^2/s 计）的中心值来划分的，数值越大越黏稠，流动性越差。如 L-HL22 普通液压油在 40℃ 时运动黏度的中心值为 $22mm^2/s$。

液压油的黏度分级（GB/T 3141—1994 等效 ISO 3448：1992）如表 2.1.3 所示。

新旧黏度分类对照如表 2.1.4 所示。

表 2.1.3　液压油的黏度分级

GB/T 3141—1994 黏度等级	40℃ 运动黏度范围/(mm²/s)	GB/T 3141—1994 黏度等级	40℃ 运动黏度范围/(mm²/s)
32	28.8～35.2	68	61.2～74.8
46	41.4～50.6	100	90.0～110

表 2.1.4　新旧黏度分类对照

GB/T 3141—1994 黏度等级 （按 40℃ 黏度分类）	以前的黏度等级 （按 50℃ 黏度分类）	GB/T 3141—1994 黏度等级 （按 40℃ 黏度分类）	以前的黏度等级 （按 50℃ 黏度分类）
22	15	68	40
32	20	100	60
46	30		

2. 黏度的选用

黏度过高：增加系统阻力，压力损失增大，造成功率损耗增加，油温上升，液压动作不稳，出现噪声，甚至还会造成设备低温启动困难。

黏度过低：增加设备内、外泄漏，使液压系统工作压力不稳，压力降低，液压工作部件不到位，严时会造成泵磨损增加。

图 2.1.12　嘉实多合成型液压油

在高压、高温、低速情况下，应选用黏度较高的液压油，因为在这种情况下泄漏对系统影响较大，黏度高可适当减少影响；在低压、低温、高速情况下，则应选用黏度较低的液压油。

四、液压油的分类

常用液压油分为矿物型液压油、合成型液压油、难燃液压油三种类型，如图 2.1.12 所示嘉实多合成型液压油。

液压油的规格标准如下。

（1）ISO　ISO/CD 11158：1997 中的 HL、HM、HR、HV、HG。

（2）中国　GB 11118.1—2011 中的 HL、HM、HV、HS、HG。

（3）德国　DIN51524（Ⅰ）、（Ⅱ）、（Ⅲ）中的 H、HL、HLP、HVLP。

液压系统工作介质分类（摘自 GB/T 11118.1—2011）如表 2.1.5 所示。

图 2.1.13 所示长城牌液压油系列产品介绍如表 2.1.6 所示。

表 2.1.5　液压系统工作介质分类

分类	名称	代号	组成和特性	应　用
石油型	精制矿物油	L-HH	无抗氧剂	循环润滑油，低压液压系统
	普通液压油	L-HL	HH 油，并改善其防锈和抗氧性	一般液压系统
	抗磨液压油	L-HM	HL 油，并改善其抗磨性	低、中、高液压系统，特别适合于有防磨要求带叶片泵的液压系统
	低温液压油	L-HV	HM 油，并改善其黏温特性	能在 −40～−20℃ 的低温环境中工作，用于户外工作的工程机械和船用设备的液压系统
	高黏度指数液压油	L-HR	HL 油，并改善其黏温特性	黏温特性优于 L-HV 油，用于数控机床液压系统和伺服系统
	液压导轨油	L-HG	HM 油，并具有黏-滑特性	适用于导轨和液压系统共用一种油品的机床，对导轨有良好的润滑性和防爬性
	其他液压油		加入多种添加剂	用于高品质的专用液压系统

表 2.1.6　长城牌液压油系列产品

产品类型	黏度等级
L-HL	32,46,68,100,150
L-HM	32,46,68,100,150
L-HM 无灰型	32,46,68,100,150
L-HV	32,46,68,100
L-HS	32,46,68

图 2.1.13　长城牌液压油

液压油采用统一的命名方式，一般形式：类别-品种＋数字。如 L-HV22，其中

L—类别（润滑剂及有关产品），HV—品种（低温抗磨），22—牌号（黏度等级）。

五、液压油的故障分析

1. 液压系统油温过高

原因：主要是由设计、设备故障或操作不当引起的。

后果：油品黏度变低，造成泄漏；油品老化加剧，缩短使用寿命；液压元件高温下热膨胀，元件失灵或卡死；泵的磨损增加。

安全温度：45～55℃。理想温度：30～45℃。

2. 液压系统进水的影响

原因：油品储存进水；使用中冷却水进入。

后果：水含量超过 0.5％会加速油品老化，产生锈蚀。

3. 液压系统中混入空气

原因：密封不严或管头松动。

后果：产生气穴腐蚀；加速油品老化；产生振动和噪声；影响液压系统正常工作。

4. 液压系统的颗粒污染

原因：

① 外来的污染。包括制造中的磨屑、安装带入的尘土、清洗和维修时的杂质。

② 工作中产生。包括磨损物、氧化产物、某些添加剂的水解产物。

后果：堵塞油滤、擦伤密封件、堵塞元件、加速油品的老化、腐蚀金属、使油水不能分离。

巩固与提高

（1）液压传动系统通常由_____、_____、_____、_____、_____五个部分组成。

（2）液压传动是以_____为工作介质传递动力和控制信号的一种传动方式。

（3）在密闭容器中，施加于静止液体上的压力将被传到液体各点，其值将_____。

（4）液压泵将原动机输出的_____能转换为工作油液的_____能。

（5）液压传动原理图由代表各种液压元件、辅件及连接形式的_____组成。

（6）在高压、高温、低速情况下，应选用黏度_____的液压油。

（7）如图 2.1.14 所示 L-HM46 抗磨液压油的运动黏度平均值为_____ mm²/s，测

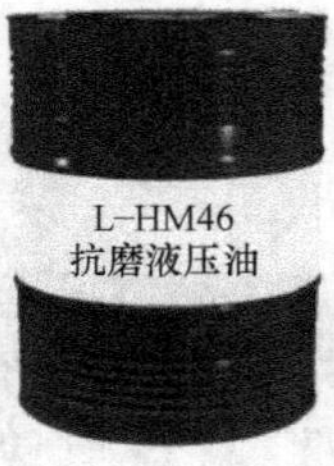

量温度标准值为_____℃。

（8）常用的液压油分为_____、_____、_____三种。

（9）液压油 L-HV22 中 L 表示_____，HV 表示_____，22 表示_____。

（10）液压油的黏度对_____变化十分敏感，其数值越大，流动性_____。

（11）液压油黏度过高，系统功率损耗_____，启动_____；黏度过低，设备内、外泄漏_____，磨损_____。

图 2.1.14　L-HM46
抗磨液压油

（12）液压缸的工作压力为 180bar，而液压泵输出口压力为 198bar，这是因为液压系统存在_____损失造成的。

任务二　　溢流定压回路的安装与检修

子任务一　认识液压泵

一、液压泵的功能

液压泵作为液压系统的动力元件，是液压系统的重要组成部分。它能将原动机（如电动机）输入的机械能转换为液压能的能量转换元件。液压泵的性能直接影响到液压系统的工作性能和可靠性。

二、液压泵的工作原理

液压传动系统中使用的液压泵都是容积式液压泵，如图 2.2.1 所示外啮合齿轮泵，它是依靠周期性变化的密闭容积和配流装置来工作的。液压泵正常工作必备的条件如下。

① 具有密封容积

② 密封容积能交替变化：不断重复地由小变大，再由大变小。

③ 应有配流装置：其作用是保证密封容积在吸油过程中与油箱相通，同时关闭供油通路；压油时与供油管路相通而与油箱切断。

④ 吸油过程中油箱必须和大气相通。

三、液压泵的分类

（1）按输出流量是否可变分类　液压泵分为定量泵和变量泵。

（2）按输出油液的方向是否可变分类　液压泵分为单向液压泵和双向液压泵。

（3）按结构形式分类　液压泵分为齿轮泵、叶片泵、柱塞泵、螺杆泵等。

（4）按液压泵的压力分类　液压泵分为低压泵（0～2.5MPa）、中压泵（2.5～8MPa）、中高压泵（8～16MPa）、高压泵（16～32MPa）、超高压泵（32MPa 以上）。

常见液压泵类型如图 2.2.2 所示。

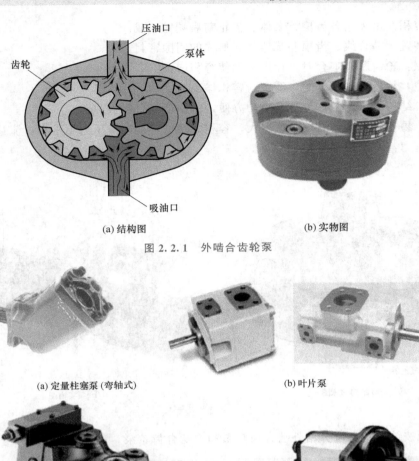

(a) 结构图   (b) 实物图

图 2.2.1 外啮合齿轮泵

(a) 定量柱塞泵 (弯轴式)   (b) 叶片泵

(c) 变量柱塞泵 (斜盘式)   (d) 齿轮泵

图 2.2.2 常见液压泵

液压泵的图形符号如图 2.2.3 所示。

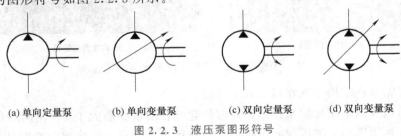

(a) 单向定量泵   (b) 单向变量泵   (c) 双向定量泵   (d) 双向变量泵

图 2.2.3 液压泵图形符号

四、常用液压泵

1. 齿轮泵

如图 2.2.4 所示齿轮泵，其泵体内有一对模数相同、齿数相等的齿轮。

密封容积：由齿轮各齿槽、泵体、齿轮前后端盖组成。

配流装置：啮合线、齿顶和泵体之间形成的间隙密封。

吸油腔：轮齿脱开啮合时，让出空间使容积增大。

压油腔：轮齿进入啮合时，使密封容积缩小。

优点：结构简单，工作可靠，维护方便，价格低，自吸性强。

缺点：易产生振动和噪声，泄漏大，容积效率低，径向液压力不平衡，流量不可调。

工作压力：一般用于低压。

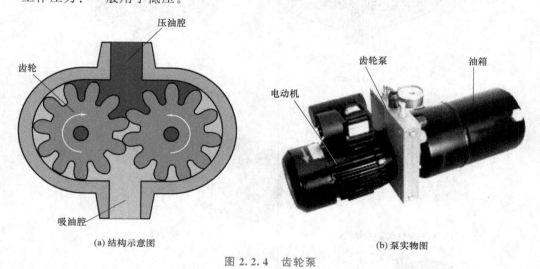

(a) 结构示意图   (b) 泵实物图

图 2.2.4 齿轮泵

齿轮泵按结构特点可分为外啮合齿轮泵和内啮合齿轮泵，如图 2.2.5 所示。

(a) 外啮合齿轮泵   (b) 内啮合齿轮泵

图 2.2.5 外啮合齿轮泵与内啮合齿轮泵

外啮合齿轮泵在结构上存在以下几个问题。

（1）困油现象 由于齿轮泵连续供油时齿轮啮合的重叠数大于 1，使两对齿轮的齿间啮合处形成一个封闭容积。液压油随齿轮泵运转过程中，常有一部分液压油被封在此间，称为困油现象。

分析：困油现象对齿轮泵造成的损害。

(a)→(b)：密封容积缩小时，油液的压力增大，高压油从一切可能泄漏的缝隙强行挤出，使轴承上受很大冲击载荷，泵剧烈振动，同时油液发热，无功损耗增大，如图2.2.6所示。

（b）→（c）：密封容积增大时，形成局部真空，产生气穴，使泵引起强烈的振动和噪声等，如图2.2.6所示。

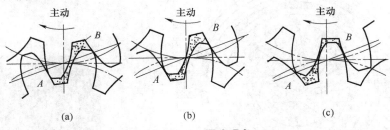

图2.2.6 困油现象

消除困油现象的方法：在齿轮泵的端盖（或轴承座）上开卸荷槽消除困油现象。

原则：（a）→（b）密封容积减小，使之通压油腔；（b）→（c）密封容积增大，使之通吸油腔；（b）时密封容积最小，隔开吸压油口。

注意：许多齿轮泵将卸荷槽整个向吸油腔侧平移一段距离，效果更好。

（2）径向不平衡力

产生原因：

① 压油腔和吸油腔处齿轮外缘所受的压力不均匀。

② 在齿轮和壳体内孔的径向间隙中，压力逐渐分级下降。

后果：齿轮和轴受到径向不平衡力，使泵轴弯曲，齿轮顶接触泵体，产生摩擦。

改善措施：缩小压油口。

（3）泄漏 泄漏的途经如下。

① 齿轮啮合线处的间隙，约占齿轮泵总泄漏量的5%。

② 泵体内表面和齿顶圆间的径向间隙，占齿轮泵总泄漏量的20%~25%。

③ 齿轮两端面和端盖间的间隙，占齿轮泵总泄漏量的70%~80%。

2. 叶片泵

（1）单作用叶片泵 如图2.2.7所示单作用叶片泵由转子、定子、叶片、端盖等组成。定子具有圆形内表面，定子与转子之间有一定的偏心距，叶片装在转子槽中，当转子旋转时，由于离心力的作用，可在槽内滑动。单作用叶片泵旋转一周完成一次吸、排油液。改变定子和转子之间的偏心距便可改变流量，偏心反向时，吸油压油方向也相反，多用于变量泵。但由于转子受不平衡的径向液压作用力，所以一般不宜用于高压系统，其工作压力最大为7MPa。

（2）双作用叶片泵 如图2.2.8所示双作用叶片泵，其转子和定子中心重合，定子内表面近似椭圆形。当转子按图示顺时针方向旋转时，从在小圆弧上的密封空间运动到大圆弧的过程中，叶片外伸，密封空间容积增大，从油箱吸入油液；从在大圆弧上的密封空间运动到小圆弧的过程中，叶片被定子内壁逐渐压进槽内，密封空间容积变小，油液从压油口压出供系统使用。转子旋转一周，完成两次吸、排油液，用

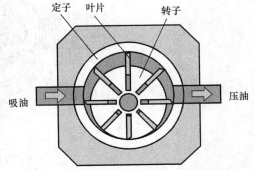

图2.2.7 单作用叶片泵的工作原理图

于定量泵。作用在转子上的液压力相互平衡，工作压力最大为 16～21Pa。

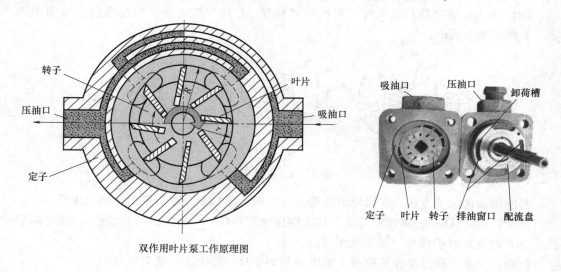

双作用叶片泵工作原理图

图 2.2.8   双作用叶片泵工作原理图

（3）叶片泵的特点

优点：输油量均匀，压力脉动小，容积效率高。

缺点：结构复杂，难以加工，叶片易被脏物卡死。

工作压力：中压

3. 柱塞泵

柱塞泵是靠柱塞在缸体中做往复运动造成密封容积的变化来实现吸油与压油的液压泵。柱塞泵按柱塞的排列和运动方向不同，可分为径向柱塞泵和轴向柱塞泵两大类。

（1）径向柱塞泵   图 2.2.9 所示径向柱塞泵转子 3 上均匀地分布着几个径向排列的孔，柱塞 4 可在孔中自由滑动。转子 3 由电动机带动旋转，柱塞 4 要靠离心力甩出，但其顶部被定子 1 的内壁所限制，迫使柱塞 4 做往返运动。定子 1 是一个与转子 3 偏心放置的圆环，柱

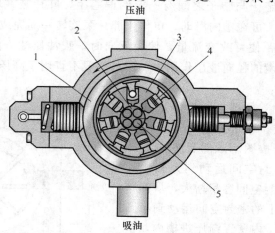

图 2.2.9   径向柱塞泵工作原理图

1—定子；2—配流油轴；3—转子；4—柱塞；5—轴向孔

塞底部的容积发生变化，实现吸油和压油。径向柱塞泵的输出流量由定子与转子之间的偏心距决定。若偏心距可调则成为变量泵。若偏心距的方向改变后，吸油口和压油口也随之互相变换，则变成双向变量泵。

（2）轴向柱塞泵　图 2.2.10 所示带滑靴结构的轴向柱塞泵是目前使用最广泛的轴向柱塞泵。安放在缸体中的柱塞 5 通过滑靴 4 与斜盘 3 相接触，当传动轴 1 带动缸体 2 旋转时，斜盘 3 固定不动，将柱塞 5 从缸体 2 中拉出或推回，完成吸、排油过程。柱塞 5 与柱塞孔 6 组成的工作容腔中的油液通过配流盘分别与泵的吸、排油腔相通。变量机构用来改变斜盘的倾角，通过调节斜盘的倾角可改变泵的排量。

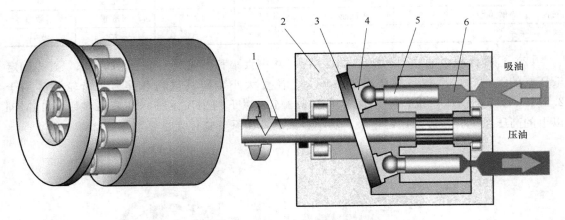

图 2.2.10　轴向柱塞泵工作原理图
1—传动轴；2—缸体；3—斜盘；4—滑靴；5—柱塞；6—柱塞孔

（3）柱塞泵的特点

优点：结构紧凑，径向尺寸小，容积效率高。

缺点：结构复杂，价格较贵。

工作压力：高压，如图 2.2.11（b）所示为应用于混凝土泵车的柱塞泵。

(a) 柱塞泵实物图　　　　　　　　(b) 典型应用：混凝土泵车

图 2.2.11　柱塞泵实物图及其典型应用

五、液压泵的选择

（1）常用液压泵性能比较　液压系统中常用液压泵性能比较如表 2.2.1 所示。

表 2.2.1　液压系统中常用液压泵性能比较

性能	外啮合齿轮泵	双作用叶片泵	限压式变量叶片泵	径向柱塞泵	轴向柱塞泵	螺杆泵
输出压力	低压	中压	中压	高压	高压	低压
流量调节	不能	不能	能	能	能	不能
效率	低	较高	较高	高	高	较高
输出流量脉动	很大	很小	一般	一般	一般	最小
自吸特性	好	较差	较差	差	差	好
对油的污染敏感性	不敏感	较敏感	较敏感	很敏感	很敏感	不敏感
噪声	大	小	较大	大	大	最小

（2）选择液压泵的原则　根据主机工况、功率大小和系统对工作性能的要求，首先确定液压泵的类型，然后按系统所要求的压力、流量大小确定其规格和型号。齿轮泵多用于 2.5MPa 以下的低压系统；叶片泵多用于 6.3MPa 以下的中压系统；柱塞泵多用于 10MPa 以上的高压系统。一般采用定量泵，功率较大的液压系统选用变量泵（见图 2.2.12）。

定量柱塞泵：排量 5mL/r，系统额定压力 10MPa，额定转速 1420r/min。
限压式变量叶片泵：额定流量 8L/min，系统额定工作压力 6.3MPa。

图 2.2.12　工业双泵液压站

子任务二　认识溢流阀

一、汽车回收液压装置案例分析

问题：图 2.2.13 所示汽车回收液压装置工作时会出现什么情况？

解决方法：汽车回收液压装置液压泵出口并联溢流阀，如图 2.2.14 所示。

稳定的工作压力是保证系统正常工作的前提条件。同时，一旦液压传动系统过载，若无

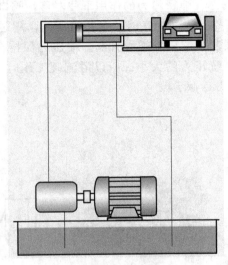
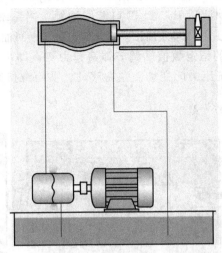

(a) 启动液压泵,系统加载　　　　　　　　(b) 系统过载,液压泵破裂、液压缸变形

图 2.2.13　汽车回收液压装置

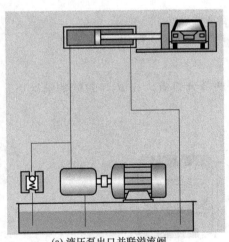
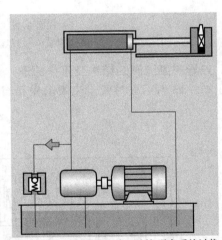

(a) 液压泵出口并联溢流阀　　　　　　(b) 多余液压油经溢流阀流回油箱,避免系统过载

图 2.2.14　并联溢流阀的汽车回收液压装置

有效的卸荷措施,将会使液压传动系统中的液压泵处于过载状态,很容易发生损坏,液压传动系统中其他元件也会因超过自身的额定工作压力而损坏。因此,液压传动系统必须能有效地控制系统压力,担负此项任务的就是溢流阀。

二、溢流阀

溢流阀是利用作用于阀芯上的油液压力和弹簧弹力相平衡的原理来进行工作的,起稳压和卸荷的功能。在液压系统中常用的溢流阀有直动式和先导式两种。直动式溢流阀用于低压系统,先导式溢流阀用于中、高压系统。

1. 直动式溢流阀的结构及工作原理

图 2.2.15 所示直动式溢流阀由阀体 1、阀芯 2、调压弹簧 3、调节手轮 4 等组成。弹簧

用来调节溢流阀的溢流压力，假设 p 为作用在阀芯端面上的液压力，F 为弹簧弹力，阀芯左端的工作面积为 A。由图可知，当 $pA < F$ 时，阀芯在弹簧弹力的作用下往左移，阀口关闭，没有油液从 P 口经 T 口流回油箱；当系统压力升高到 $pA > F$ 时，弹簧被压缩，阀芯右移，阀口打开，部分油液从 P 口经 T 口流回油箱，限制系统压力继续升高，使压力保持在 $p = F/A$ 的恒定数值。调节弹簧弹力 F，即可调节系统压力的大小。所以溢流阀工作时阀芯随着系统压力的变动而左右移动，从而维持系统压力近似于恒定。

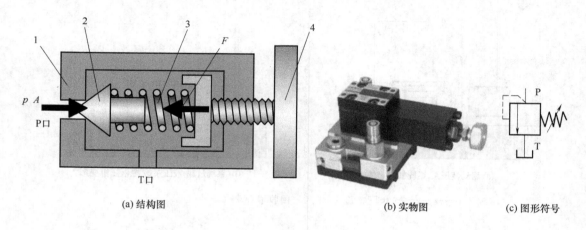

(a) 结构图　　　　　　　　　　(b) 实物图　　　　　(c) 图形符号

图 2.2.15　直动式溢流阀

1—阀体；2—阀芯；3—调压弹簧；4—调节手轮

2. 先导式溢流阀的结构及工作原理

图 2.2.16 所示先导式溢流阀由先导阀和主阀两部分组成。在 K 口封闭的情况下，压

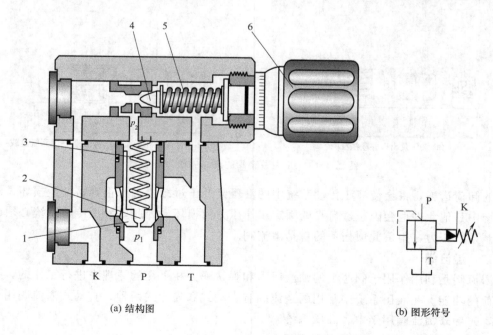

(a) 结构图　　　　　　　　　　(b) 图形符号

图 2.2.16　先导式溢流阀

1—主阀阀芯；2—阻尼孔；3—主阀弹簧；4—导阀阀芯；5—导阀弹簧；6—调节手轮

力油 p_1 由 P 口进入，通过阻尼孔 2 后作用在导阀阀芯 4 上。当压力不高时，作用在导阀阀芯上的液压力不足以克服导阀弹簧 5 的作用力，导阀关闭。这时油液静止，主阀阀芯 1 下方的压力 p_1 和主阀弹簧 3 上方的压力 p_2 相等。在主阀弹簧的作用下，主阀阀芯关闭，P 口与 T 口不能形成通路，没有溢流。当进油口 P 口压力升高，使作用在导阀上的液压力大于导阀弹簧弹力时，导阀阀芯右移，油液就可从 P 口通过阻尼孔经导阀流向 T 口。由于阻尼孔的存在，油液经过阻尼孔时会产生一定的压力损失 Δp，所以阻尼孔下部的压力 p_1 高于上部的压力 p_2，即主阀阀芯的下部压力 p_1 大于上部的压力 p_2。由于这个压差 $\Delta p = p_1 - p_2$ 的存在使主阀阀芯上移开启，使油液可以从 P 口向 T 口流动，实现溢流。

先导式溢流阀的 K 口是一个远程控制口。当将其与另外一远程调压阀相连时，就可以通过它调节溢流阀主阀上端的压力，从而实现溢流阀的远程调压。若通过二位三通电磁换向阀接油箱时，就能在电磁换向阀的控制下对系统进行卸荷。

3. 溢流阀的压力-流量特性

溢流阀的压力-流量特性是指溢流阀入口压力与流量之间的变化关系。图 2.2.17 所示为溢流阀的静态特性曲线。其中 p_{k1} 为直动式溢流阀的开启压力，当阀入口压力小于 p_{k1} 时，溢流阀处于关闭状态，通过阀的流量为零；当阀入口压力大于 p_{k1} 时，溢流阀开始溢流。p_{k2} 为先导阀的开启压力，当阀入口压力小于 p_{k2} 时，先导阀关闭，溢流量为零；当压力大于 p_{k2} 时，先导阀开启，然后主阀阀芯打开，溢流阀开始溢流。在两种阀中，当阀入口压力达到调定压力 p_n 时，通过阀的流量达到额

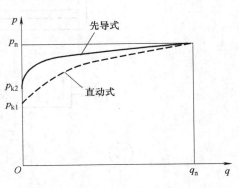

图 2.2.17　溢流阀的静态特性曲线

定溢流量 q_n。由溢流阀的特性分布可知：当阀溢流量发生变化时，阀入口压力波动越小，阀的性能越好。由图 2.2.17 可见，先导式溢流阀性能优于直动式溢流阀。

4. 溢流阀的应用

溢流阀的应用如图 2.2.18 所示。

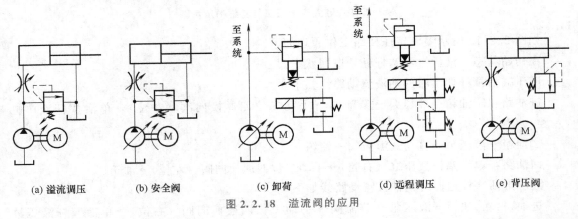

(a) 溢流调压　　(b) 安全阀　　(c) 卸荷　　(d) 远程调压　　(e) 背压阀

图 2.2.18　溢流阀的应用

（1）溢流定压　在系统正常工作时，溢流阀阀口始终处于开启状态溢流，维持泵的输出压力恒定不变。

（2）作为安全阀　溢流阀作为安全阀时，它总是安放在液压泵旁，以便在过载前起保护

作用。这种阀几乎都整定在泵的最大压力值上，它只是在必要时才开启。

（3）作为制动阀 这种阀在换向阀突然截止时限制由惯性力可能产生的压力尖峰值。

（4）作为顺序阀 当调好的压力被超过时，这种阀就与其他部件连接起来。

（5）作为背压阀 用于对拉力载荷的抵抗，阀作用在惯性体上。这种阀必须是均压的，而且油箱的接口是可加荷的。

子任务三 溢流定压回路

一、溢流定压回路及工作原理

溢流定压回路如图 2.2.19 所示。

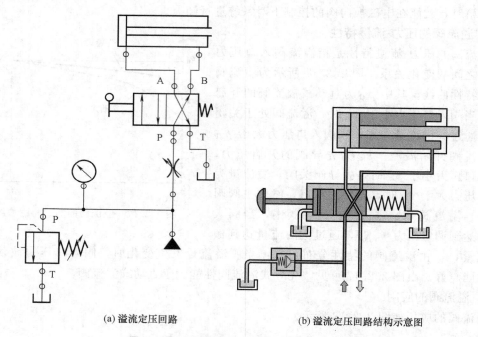

(a) 溢流定压回路   (b) 溢流定压回路结构示意图

图 2.2.19   溢流定压回路及其结构示意图

如图 2.2.19 所示溢流定压回路工作原理如下

在初始状态，液压缸活塞杆处于退回状态。

液压缸活塞杆伸出时的油液流动路线如下。

进油路：①油箱→液压泵→节流阀→手动二位四通换向阀（左位）→单活塞杆液压缸（左腔）。

②油箱→液压泵→直动式溢流阀→油箱。

回油路：单活塞杆液压缸（右腔）→手动二位四通换向阀（左位）→油箱。

液压缸活塞杆退回时的油液流动路线如下。

进油路：①油箱→液压泵→节流阀→手动二位四通换向阀（右位）→单活塞杆液压缸（右腔）。

②油箱→液压泵→直动式溢流阀→油箱。

回油路：单活塞杆液压缸（左腔）→手动二位四通换向阀（右位）→油箱。

调节节流阀开口的大小，系统负载发生变化，经溢流阀流回油箱的流量也发生变化，流到液压缸的油液的流量增大或减小从而调节活塞杆伸出速度或退回速度的快慢。

二、溢流定压回路安装设备

① 安装设备清单如表 2.2.2 所示。

表 2.2.2 安装设备清单

编号	元件名称	数量
1	液压机组	1 台
2	带压力表的分配板	1 块
3	带快速接头的油管	若干条
4	三通接头	1 个
5	双作用液压缸	1 个
6	手动二位四通换向阀	1 个
7	节流阀	1 个
8	溢流阀	1 个
9	压力表	1 个

② 安装设备实物图如图 2.2.20 所示。

图 2.2.20 安装设备实物图

三、溢流定压回路安装与检修步骤

① 读懂溢流定压回路图。

② 从元件柜里找出相应的元件安装在工作台上，并检查安装是否牢固可靠。

③ 按液压油流动的方向接油管，检查油口连接是否正确。

④ 将溢流阀的弹簧拧得尽量松，然后启动液压泵。

⑤ 当液压泵正常启动后，再慢慢将溢流阀的弹簧拧紧，观察压力表的读数是否达到了系统要求的最大的工作压力值（推荐值：50bar）。

⑥ 手动调节节流阀的开口大小，观察在不同工作压力下，液压缸的活塞运动速度快慢的变化情况。

⑦ 停泵前，应将溢流阀的弹簧拧得尽量松。

⑧ 拆卸液压元件，将元件按原位放好，收拾干净工作台。

四、溢流定压回路安装与检修思考题

① 为什么在开启液压泵之前要将溢流阀的弹簧拧得尽量松？这样有什么好处？

② 为什么在关闭液压泵之前要将溢流阀的弹簧拧得尽量松？这样有什么好处？

③ 溢流阀在整个回路控制中起什么的作用？当工作压力增大后，液压缸的活塞运动速度有何变化？为什么？

 巩固与提高

1. 填空题。

（1）液压系统中的工作压力的大小是由_____决定的；执行元件的速度则是由_____决定的。

（2）溢流阀在系统中的主要作用是_____和_____。

（3）有两个调整压力分别为 2MPa 和 4MPa 的溢流阀串联在液压泵的出口（见图 2.2.21），表 1 的读数为_____MPa；表 2 的读数为_____MPa。

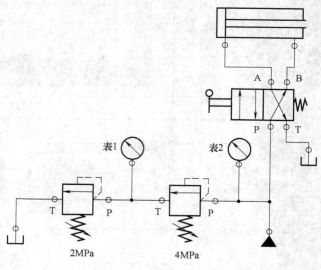

图 2.2.21　液压系统（一）

（4）写出图 2.2.22 所示图形符号对应元件的名称。

（5）液压泵按输出流量是否可变分为_____和_____，按结构形式可分为_____、_____、_____等。

（6）溢流阀的调定压力为 50bar，调节节流阀开口的大小，压力表的读数分别为 47bar、49bar、50bar，其中当压力为_____bar 时，液压马达的转速最高，如图 2.2.23 所示。

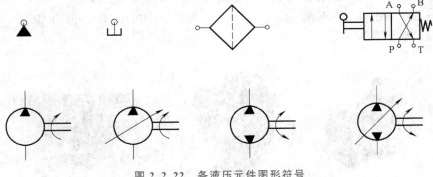

图 2.2.22 各液压元件图形符号

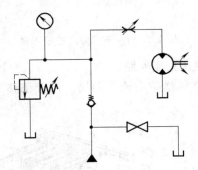

图 2.2.23 液压系统（二）

(7) 有两个调整压力分别为 5MPa 和 8MPa 的溢流阀并联在液压泵的出口（见图 2.2.24），则表 1 的读数为_____MPa，表 2 的读数为_____MPa。

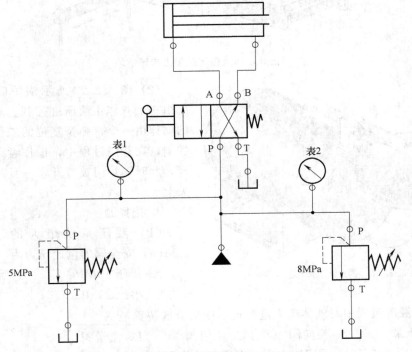

图 2.2.24 液压系统（三）

（8）根据液压系统的工作压力选择合适的液压泵（见图 2.2.25）。

14.0～21.0MPa，液压泵为 _____；25.0～40.0MPa，液压泵为 _____；
＜10.0MPa，液压泵为 _____。

　　(a) 叶片泵　　　　　　　(b) 柱塞泵　　　　　　　(c) 齿轮泵

图 2.2.25　不同形式的液压泵

2. 根据控制要求设计其液压控制回路。

（1）如图 2.2.26 所示，在传送带上传送钢块。用液压移动装置，可使钢块从一个传送带移送到另一个传送带上。

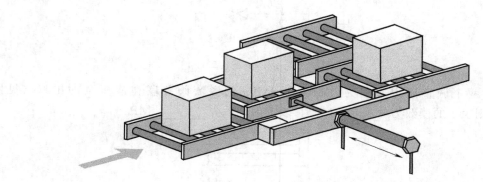

图 2.2.26　在传送带上传送钢块

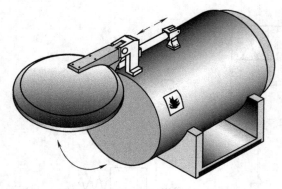

图 2.2.27　锅炉门的开启与关闭

（2）图 2.2.27 所示锅炉门的开启和关闭由一个双作用液压缸控制。双作用液压缸的动作由一个带弹簧复位的二位四通换向阀控制。在开门过程中，操作者必须按住操作杆，此时锅炉门被打开，一旦放手，门重新关上。

3. 选择题。

（1）液压系统最大的工作压力为 10MPa，安全阀的调定压力为 _____。

A. 等于 10MPa　　　　　B. 大于 10MPa

C. 小于 10MPa

（2）在液压装置中对液体压力进行控制或调节的装置是 _____。

A. 液压泵　　　B. 换向阀　　　C. 溢流阀　　　D. 流量阀

4. 指出图 2.2.28 所示回路中溢流阀所起的作用，填入表 2.2.3 中。

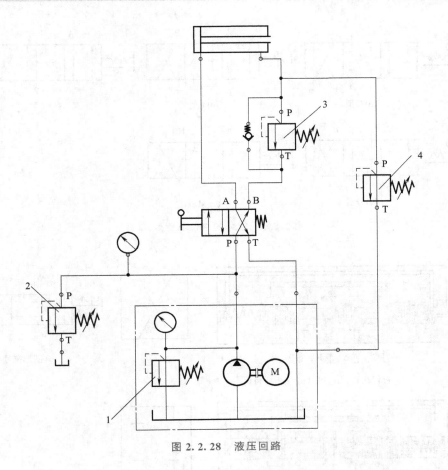

图 2.2.28　液压回路

表 2.2.3　溢流阀的作用

序号	作用
1	
2	
3	
4	

任务三　双向锁紧回路的安装与检修

子任务一　认识中位机能及单向阀

一、中位机能

三位四通换向阀处于中间位置（常态位置）时，阀内各油口的连通方式称为中位机能。常见的中位机能型式有 O 型、P 型、Y 型、H 型、M 型等，如图 2.3.1 所示。

图 2.3.2 所示为中位机能为 O 型的三位四通换向阀工作原理。

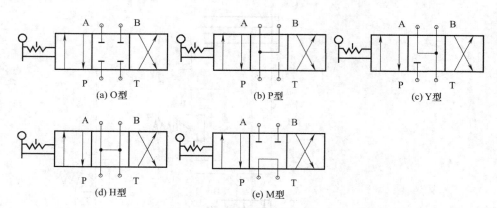

图 2.3.1   常见的中位机能型式

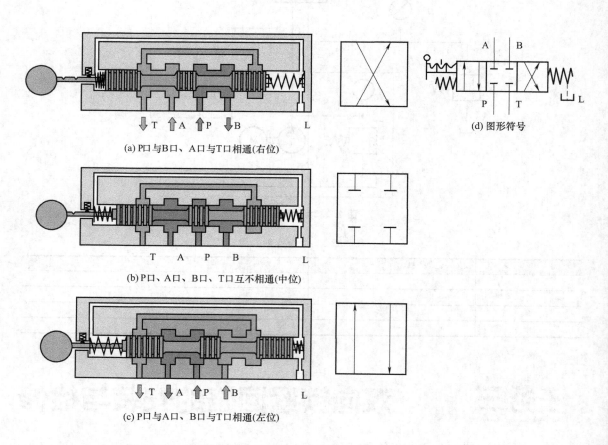

图 2.3.2   中位机能为 O 型的三位四通换向阀工作原理及图形符号

不同的中位机能，可以满足液压系统的不同要求。在设计液压回路时，应根据不同的中位机能所具有的特性来选择换向阀。在分析和选择三位四通换向阀的中位机能时，通常应考虑以下几个问题。

（1）系统保压   对于中位 P、T 油口不相通的换向阀如中位机能为 O 型、P 型、Y 型的三位四通换向阀，中位具有一定保压作用，可并联其他执行元件。

（2）系统卸荷   对于中位 P、T 油口相通的换向阀（如中位机能为 H 型、M 型的三位四通换向阀），中位实现系统卸荷，此时系统压力为零，且不可并联其他执行元件。

（3）换向精度高 对于中位 A、B 油口均截止的换向阀（如中位机能为 O 型、M 型的三位四通换向阀），中位时换向精度高，但容易产生液压冲击。

（4）换向平稳 对于中位 A、B、T 三油口相通的换向阀（如中位机能为 Y 型、H 型的三位四通换向阀），中位时换向平稳，但工作部件的制动效果差。

（5）启动平稳 对于中位 A、B、T 三油口不相通的换向阀，（如中位机能为 O 型、P型、M 型的三位四通换向阀），静止到启动较平稳。

三位四通换向阀中位机能特性对比如表 2.3.1 所示。

表 2.3.1 三位四通换向阀中位机能特性对比

机能 \ 类型	O 型	P 型	Y 型	H 型	M 型
系统保压	√	√	√		
系统卸荷				√	√
换向精度高	√				√
换向平稳			√	√	
启动平稳	√	√			√

二、单向阀

常见单向阀分为普通单向阀和液控单向阀两种。

1. 普通单向阀

如图 2.3.3 所示普通单向阀，液压油只能沿着单向阀的一个方向流过，反向被截止。当液压油从 A 腔流入时，克服弹簧力将阀芯顶开，于是液压油由 A 腔流向 B 腔；当液压油反向流入时，阀芯在液压力和弹簧力的作用下关闭阀口，液压油无法由 B 腔流向 A 腔。

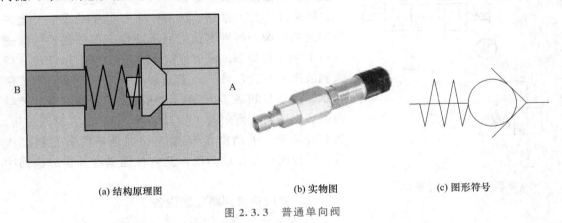

(a) 结构原理图　　　　　　　(b) 实物图　　　　　　　(c) 图形符号

图 2.3.3 普通单向阀

2. 液控单向阀

如图 2.3.4 所示液控单向阀，当 X 控制口没有控制信号时，油液只能从 A 口流向 B 口，反方向被截止；当 X 控制口有控制信号时，油液既可从 A 口流向 B 口，又可从 B 口流向A 口。

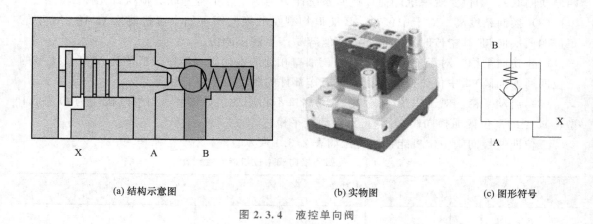

| (a) 结构示意图 | (b) 实物图 | (c) 图形符号 |

图 2.3.4　液控单向阀

子任务二　双向锁紧回路

一、双向锁紧回路及工作原理

双向锁紧回路如图 2.3.5 所示。

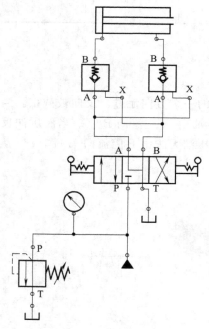

图 2.3.5　双向锁紧回路

图 2.3.5 所示双向锁紧回路工作原理如下。

启动定量泵，当系统的压力达到溢流阀调定的压力（如 50bar）时，液压泵泵出的油液经溢流阀回油口 T 流回油箱。手动操作 Y 型三位四通换向阀切换到左位，液压油经三位四通换向阀进油口 P 和工作口 A，一个分支经液控单向阀 A 口和 B 口流到液压缸左腔，另一分支流到另一个液控单向阀控制口 X，使 B 口和 A 口导通，液压缸右腔的油液经液控单向阀和三位四通换向阀工作口 B 和回油口 T 流回油箱，活塞杆伸出。手动操作 Y 型三位四通换向阀切换到右位，液压油经三位四通换向阀进油口 P 和工作口 B，一个分支经液控单向阀 A 口和 B 口流到液压缸右腔，另一分支流到另一个液控单向阀控制口 X，使 B 口和 A 口导通，液压缸左腔的油液经液控单向阀和三位四通换向阀工作口 A 和回油口 T 流回油箱，活塞杆退回。手动操作 Y 型三位四通换向阀切换到中位，通过两个液控单向阀将活塞杆锁紧在伸出或退回中的某一位置。

二、双向锁紧回路安装设备

① 安装设备清单如表 2.3.2 所示。

表 2.3.2　安装设备清单

编号	元件名称	数量
1	液压机组	1 台
2	带压力表的分配板	1 块

续表

编号	元件名称	数量
3	带快速接头的油管	若干条
4	三通接头	3个
5	液控单向阀	2个
6	溢流阀	1个
7	压力表	1个
8	手动 Y 型三位四通换向阀	1个

② 安装设备实物图如图 2.3.6 所示。

图 2.3.6　安装设备实物图

三、双向锁紧回路安装与检修步骤

① 读懂双向锁紧回路图。

② 从元件柜里找出相应的元件安装在工作台上，并检查安装是否牢固可靠。

③ 按液压油流动的方向接油管，检查油口连接是否正确。

④ 将溢流阀的弹簧拧得尽量松，然后启动液压泵。

⑤ 当液压泵正常启动后，再慢慢将溢流阀的弹簧拧紧，观察压力表的读数是否达到了系统要求的最大工作压力值（推荐值：50bar）。

⑥ 手动切换 Y 型三位四通换向阀的工作位置，使液压缸活塞杆实现伸出、退回、锁紧功能。

⑦ 停泵前，应将溢流阀的弹簧拧得尽量松。

⑧ 拆卸液压元件，将元件按原位放好，收拾干净工作台。

四、双向锁紧回路安装与检修思考题

① 能否将回路中 Y 型三位四通换向阀替换成 M 型三位四通换向阀？为什么？

② 图 2.3.7 所示液压回路在下吊重物下行时会出现"一走一停"的现象，应如何对该回路进行改进使其更符合实际应用？

 巩固与提高

1. 根据控制要求设计其液压控制回路。

如图 2.3.8 所示，用一个悬挂式输送装置连续地将部件穿过色彩干燥炉。为了使通过门时所损耗的热量保持在最小，炉子的门总是只开到部件所要求的高度。控制系统的设置就是为了能使这扇门长时间地保持在一个不下降的固定位置上。在这样的情况下，为了对液压缸进行控制，将使用一个三位四通换向阀。此阀的一个工作位置将门提升，另一个工作位置则使门下降，而第三个位置则使液压缸保持在一个固定的位置上。

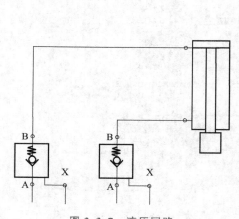

图 2.3.7　液压回路

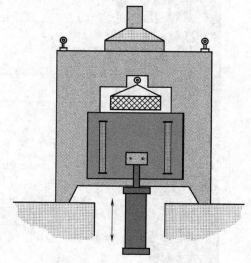

图 2.3.8　悬挂式输送装置

2. 选择题。

（1）能使液压缸锁紧的换向阀应选用_____中位机能。

A. H 型　　　　B. Y 型　　　　C. O 型　　　　D. P 型

（2）为保证锁紧迅速、准确，采用了双向液压锁的汽车起重机支腿油路的换向阀应选用_____中位机能。

A. M 型　　　　B. Y 型　　　　C. O 型　　　　D. P 型

（3）换向阀中位机能为_____在处于中间位置时液压泵卸荷。

A. M 型　　　　B. Y 型　　　　C. O 型　　　　D. P 型

（4）换向阀中位机能为_____在处于中间位置时液压泵保持压力。

A. M 型　　　　B. H 型　　　　C. O 型　　　　D. H 型和 P 型

3. 图 2.3.9 所示锁紧回路有何不足？应如何改正？

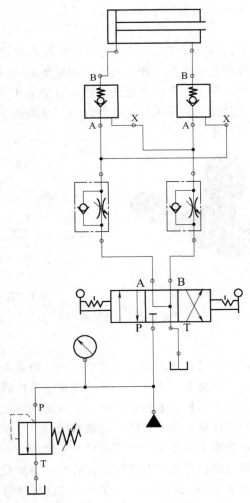

图 2.3.9　锁紧回路

任务四　匀速控制回路的安装与检修

子任务一　认识调速阀

液压缸活塞的运动速度 $v = q/A$，式中 q 为进入液压缸油液的流量，A 为液压缸活塞的有效作用面积。所以要改变执行部件的运动速度，有两种方法：一是改变进入执行元件的液压油流量，二是改变液压缸的有效作用面积。液压缸的工作面积一般只能按照标准尺寸选择，任意改变是不现实的。所以在液压传动系统中，主要采用变量泵供油或采用定量泵和流量控制阀来控制执行元件的速度。在液压系统中，用来控制油液流量的阀统称为流量控制阀。流量控制阀是通过调节阀口的通流面积大小来控制流量，实现工作机构的速度调节和控制的。常用的流量控制阀有节流阀和调速阀两种。

1. 节流阀

在液压传动系统中，节流阀（见图 2.4.1）是结构最简单的流量控制阀。节流阀两端的压差和通过它的流量有固定的比例关系，压差越大，流量越大；压差越小，流量越小。节流阀由于刚性差，在节流开口一定的条件下通过的工作流量受工作负载（亦即其出口压力）变化的影响，不能保持执行元件运动速度的稳定，所以被广泛应用于负载变化不大或对速度稳定性要求不高的液压传动系统中。

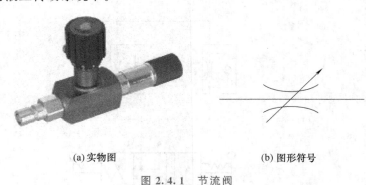

(a)实物图   (b) 图形符号

图 2.4.1　节流阀

2. 调速阀

用节流阀可以调节速度，但节流阀的进、出油口压力随负载变化而变化，影响节流阀流量的均匀性，使执行机构速度不稳定。实际上，只要设法使节流阀进、出油口压力差保持不变，执行机构的运动速度也就可以相应地得到稳定，具有这种功能的液压元件是调速阀。调速阀是节流阀串接一个定差减压阀组合而成的。定差减压阀可以保证节流阀前后压差在负载变化时始终不变，这样通过节流阀的流量只由其开口大小决定。

如图 2.4.2 所示调速阀，静止状态时调速阀是开启的。当负载的变化使阀的输出口压力 p_2 上升时，压力天平左移，使得输入口压力 p_1 也上升，这样流过节流部位的压力降 Δp 不变，流过调速阀的流量保持恒定。当负载的变化使阀的输出口压力 p_2 下降时，压力天平右移，使得输入口压力 p_1 也下降，流过节流部位的压力降 Δp 不变，流过调速阀的流量保持恒定。调速阀被广泛应用于负载变化大而运动速度要求稳定的液压传动系统中。

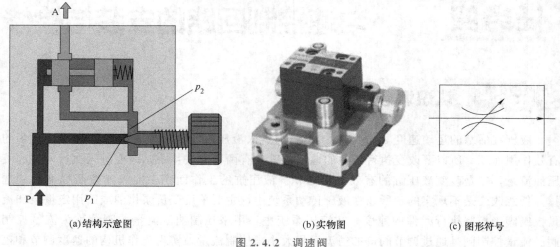

(a)结构示意图   (b)实物图   (c) 图形符号

图 2.4.2　调速阀

调速阀和节流阀的流量特性曲线如图 2.4.3 所示。由图中可以看出,通过节流阀的流量随其进、出口压差发生变化;而调速阀的特性曲线基本上是一条水平线,即进、出口压差变化时,通过调速阀的流量基本不变。只有当压差很小时,一般 $\Delta p \leqslant 0.5 MPa$,调速阀的特性曲线与节流阀的特性曲线重合,这是因为此时调速阀中的减压阀处于非工作状态,减压阀阀口全开,调速阀只相当于一个节流阀。

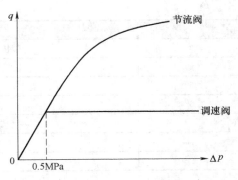

图 2.4.3 调速阀和节流阀的流量特性曲线

子任务二 匀速控制回路

一、匀速控制回路及工作原理

匀速控制回路如图 2.4.4 所示。

图 2.4.4 所示匀速控制回路工作原理如下。

在初始状态,液压缸活塞杆处于退回状态。

液压缸活塞杆伸出时的油液流动路线如下。

进油路:①油箱→液压泵→手动二位四通换向阀(左位)→单向阀→调速阀→单向阀→单活塞杆液压缸(左腔)。

②油箱→液压泵→直动式溢流阀→油箱。

回油路:单活塞杆液压缸(右腔)→手动二位四通换向阀(左位)→油箱。

液压缸活塞杆退回时的油液流动路线如下。

进油路:①油箱→液压泵→手动二位四通换向阀(右位)→单活塞杆液压缸(右腔)。

②油箱→液压泵→直动式溢流阀→油箱。

回油路:单活塞杆液压缸(左腔)→单向阀→调速阀→单向阀→手动二位四通换向阀(右位)→油箱。

由于液压缸的无杆腔在活塞杆伸出时进油和退回时排油都经同一个调速阀,其流量相同,所以伸出的速度和退回的速度相等。

二、匀速控制回路安装设备

① 安装设备清单如表 2.4.1 所示。

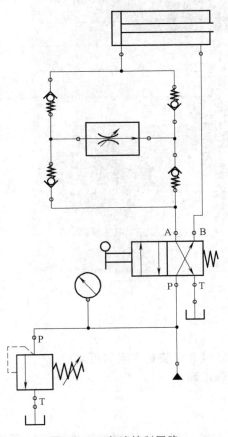

图 2.4.4 匀速控制回路

表 2.4.1 安装设备清单

编号	元件名称	数量
1	液压机组	1台
2	带压力表的分配板	1块

续表

编号	元件名称	数量
3	带快速接头的油管	若干条
4	三通接头	5个
5	溢流阀	1个
6	压力表	1个
7	手动二位四通换向阀	1个
8	调速阀	1个
9	单向阀	4个

② 安装设备实物图如图 2.4.5 所示。

图 2.4.5 安装设备实物图

三、匀速控制回路安装与检修步骤

① 读懂匀速控制回路图。

② 从元件柜里找出相应的元件安装在工作台上，并检查安装是否牢固可靠。

③ 按液压油流动的方向接油管，检查油口连接是否正确。

④ 调节调速阀旋钮，使调节阀有一定的开口度。

⑤ 将溢流阀的弹簧拧得尽量松，然后启动液压泵。

⑥ 当液压泵正常启动后，再慢慢将溢流阀的弹簧拧紧，观察压力表的读数是否达到了系统要求的最大工作压力值（推荐值：50bar）。

⑦ 手动切换 Y 型三位四通换向阀的工作位置，使液压缸活塞杆伸出、退回，观察两个运动方向的速度是否相等。

⑧ 停泵前，应将溢流阀的弹簧拧得尽量松。

⑨ 拆卸液压元件，将元件按原位放好，收拾干净工作台。

巩固与提高

1. 根据控制要求设计其液压控制回路。

（1）如图 2.4.6 所示车床的进给装置，由一个液压控制回路自动完成。这种进给运行应该是可调的，并且，当工件的负载变化时，进给速度应保持不变。

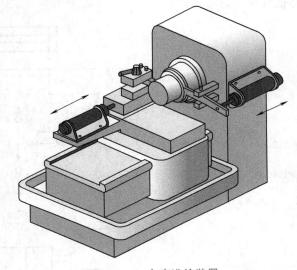

图 2.4.6　车床进给装置

（2）如图 2.4.7 所示，用一台链式传送带将工件运送到喷漆室。传送带由一个液压马达通过锥齿轮传动装置来驱动。由于生产过程的变化，经过喷漆室的工件的重量要发生变化，但是传送带的速度仍然要求保持和以前相同。

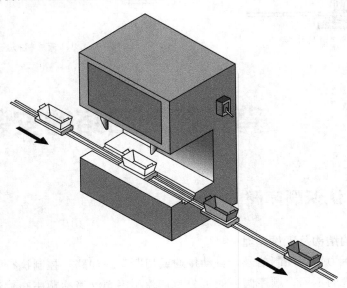

图 2.4.7　链式传送带将工件运送到喷漆室

2. 如图 2.4.8 所示液压电梯，采用节流阀调速还是调速阀调速呢？为什么？

3. 分析图 2.4.9 所示弯曲机液压控制回路的工作原理。

　　提示：通用弯曲机采用了一个快进/工进转换液压回路。液压缸的工作速度必须可以调节。快进速度可以通过一个节流阀来调节，在设定一段弯曲角度后，设备可进行带载弯曲操作。用一个流量控制阀可以实现调节工进速度的目的。回程的开始阶段液压缸速度也可以用同一个流量阀来控制。在进给运动和回程开始阶段运动中，回路液压油通过同一个流量控制阀来调节，以控制液压缸速度。在回程的后半阶段，系统应采用无节流控制，以实现快速回程运动，为此系统需要设有速度换接功能。

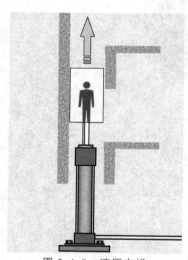

图 2.4.8　液压电梯

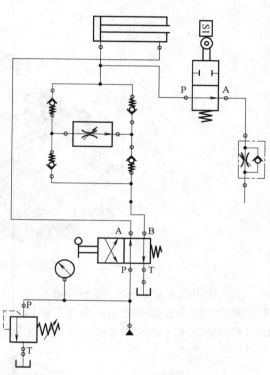

图 2.4.9　弯曲机液压控制回路

任务五　背压控制回路的安装与检修

子任务一　认识顺序阀

一、顺序阀的结构及工作原理

　　顺序阀是把压力作为控制信号，自动接通或切断某一油路，控制执行元件做顺序动作的压力阀。根据结构的不同，顺序阀一般可分为直控顺序阀（简称顺序阀）和液控顺序阀（远控顺序阀）两种，按压力控制方式不同可分为内控式和外控式。

1. 直动式内控顺序阀

　　如图 2.5.1 所示直动式内控顺序阀，当进口油液压力较小时，阀芯 4 在调压弹簧 2 作用下处于下端位置，进油口和出油口互不相通。当作用在阀芯下方的油液压力大于弹簧预紧力时，阀芯上移，进、出油口导通，油液可以从出油口流出，从而控制其他执行元件动作。通过调节手轮 1 可以对调压弹簧的预紧力进行设定，从而调整顺序阀的动作压力。

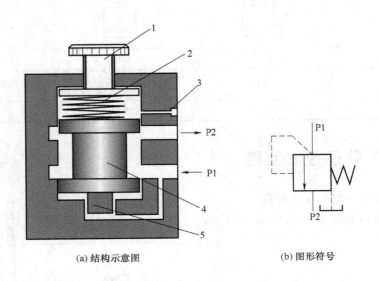

(a) 结构示意图　　　　　　　　(b) 图形符号

图 2.5.1　直动式内控顺序阀

1—调节手轮；2—调压弹簧；3—泄油口；4—阀芯；5—控制柱塞

2. 直动式外控顺序阀

如图 2.5.2 所示直动式外控顺序阀，它的工作原理与内控顺序阀类似，区别在于阀芯的开闭是通过通入控制油口 K 的外部油压来控制的。

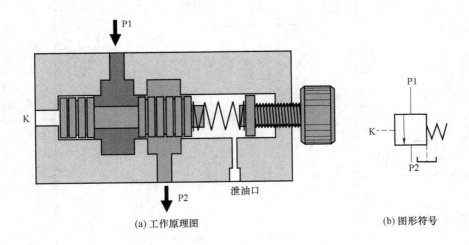

(a) 工作原理图　　　　　　　　(b) 图形符号

图 2.5.2　直动式外控顺序阀

二、压力控制阀性能比较

在液压传动系统中控制油液压力的阀称为压力控制阀，简称压力阀。常用的压力阀有溢流阀、减压阀和顺序阀。压力阀的共同特点是利用流体压力与弹簧力相平衡的原理来工作，其性能特点如表 2.5.1 所示。

表 2.5.1　各种压力阀的性能特点

类型	溢流阀	顺序阀	减压阀
图形符号			
静止状态	常开	常开	常闭
保持出口或入口的压力为定值	入口	入口	出口
接法	并联	串联	串联

子任务二　背压控制回路

一、背压控制回路及工作原理

背压控制回路如图 2.5.3 所示。

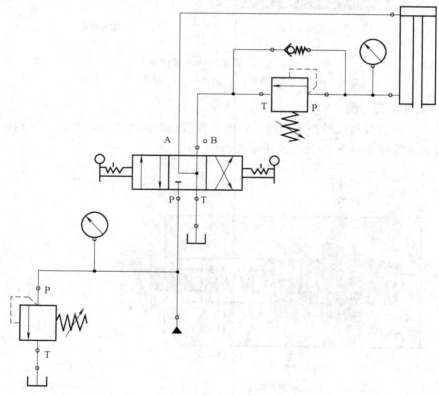

图 2.5.3　背压控制回路

图 2.5.3 所示背压控制回路工作原理如下

在初始状态，液压缸活塞杆处于退回状态。

液压缸活塞杆伸出时的油液流动路线如下。

进油路：①油箱→液压泵→手动三位四通换向阀（左位）→单活塞杆液压缸（左腔）。

②油箱→液压泵→直动式溢流阀→油箱。

回油路：单活塞杆液压缸（右腔）→顺序阀→手动三位四通换向阀（左位）→油箱。

液压缸活塞杆退回时的油液流动路线如下。

进油路：①油箱→液压泵→手动三位四通换向阀（右位）→单向阀→单活塞杆液压缸（右腔）。

②油箱→液压泵→直动式溢流阀→油箱。

回油路：单活塞杆液压缸（左腔）→手动三位四通换向阀（右位）→油箱。

当手动三位四通换向阀工作在中位时，液压缸活塞杆运动停止。由于顺序阀的存在，在活塞杆伸出的方向产生背压，产生的背压使得活塞杆运动平稳。

二、背压控制回路安装设备

① 安装设备清单如表 2.5.2 所示。

表 2.5.2　安装设备清单

编号	元件名称	数量
1	液压机组	1台
2	带压力表的分配板	1块
3	带快速接头的油管	若干条
4	三通接头	3个
5	溢流阀	1个
6	压力表	2个
7	手动Y型三位四通换向阀	1个
8	顺序阀	1个
9	普通的单向阀	1个

② 安装设备实物图如图 2.5.4 所示。

图 2.5.4　安装设备实物图

三、背压控制回路安装与检修步骤

① 读懂背压控制回路图。

② 从元件柜里找出相应的元件安装在工作台上，并检查安装是否牢固可靠。

③ 按液压油流动的方向接油管，检查油口连接是否正确。

④ 将溢流阀的弹簧拧得尽量松，然后启动液压泵。

⑤ 当液压泵正常启动后，再慢慢将溢流阀的弹簧拧紧，观察压力表的读数是否达到了系统要求的最大工作压力值（推荐值：50bar）。

⑥ 手动切换 Y 型三位四通换向阀的工作位置，使液压缸活塞杆伸出、退回，调节顺序阀压力大小，产生不同的背压，观察压力的读数及活塞杆运动的情况。

⑦ 停泵前，应将溢流阀的弹簧拧得尽量松。

⑧ 拆卸液压元件，将元件按原位放好，收拾干净工作台。

巩固与提高

1. 根据控制要求设计其液压控制回路。

（1）如图 2.5.5 所示，用一个液压起重机把不同重量的冲压工具吊放到压型机中，为此用一个双作用液压缸来完成荷载的升降运行。

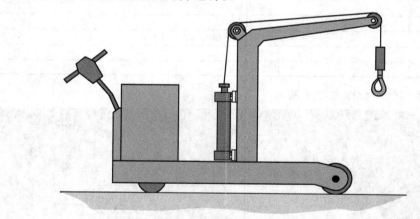

图 2.5.5   液压起重机

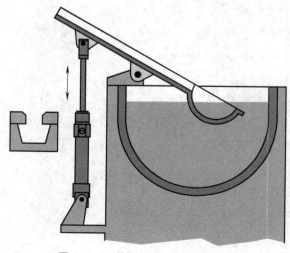

图 2.5.6   从恒温炉中取出液态铝

（2）如图 2.5.6 所示，从恒温炉中将液态铝取出，放入一个通往压铸机的槽中，为此需要如图所示的长柄勺。长柄勺要完成上述工作，需要一个双作用液压缸，这样长柄勺的提升运动才能实现。液压缸用一个二位四通换向阀来控制。对此，必须考虑：当阀门不工作时，长柄勺不允许沉在炉中。

（3）图 2.5.7 所示冲床用于在金属薄片上压印出图形。金属薄片通过一个可以调整速度的传送装置进给。压印速度必须能够与进给速度的变化相一致，压印头返回必须是快退运动。液压系统采用一个单

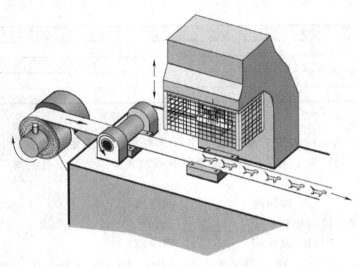

图 2.5.7 冲床的应用

向节流阀来控制压印的速度。采用一个溢流阀作为背压阀，阻止压印头回程时金属薄片对压印模具产生的反向牵引力。采用一个二位四通换向阀来控制压印头前进和后退的动作。

2. 分析图 2.5.8 所示自卸汽车货箱举升液压系统中元件的名称及作用，填入表 2.5.3 中。

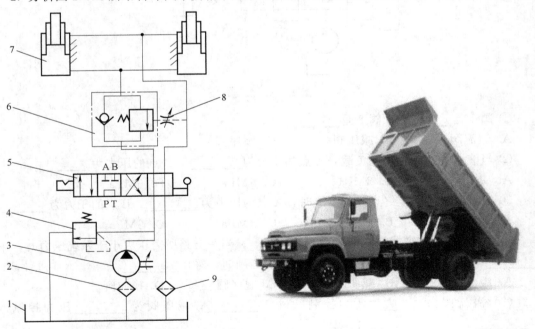

图 2.5.8 自卸汽车货箱举升液压系统

表 2.5.3 元件的名称及作用

序号	元件名称	功 能
1		
2		
3		
4		
5		

续表

序号	元件名称	功　　能
6		
7		
8		
9		

3. 选择题。

（1）在设计液压系统时应对系统的安全性和可靠性给予足够的重视。为了防止过载，_____是必不可少的；为了避免垂直运动部件在系统失压的情况下自由落下，在油路中增加_____是常用措施。

　　A. 安全阀　　　　　　B. 减压阀　　　　　　C. 顺序阀

（2）调速阀是节流阀串接一个_____组合而成的。

　　A. 溢流阀　　　　　　B. 减压阀　　　　　　C. 顺序阀

（3）如图 2.5.9 所示，阀 1 调定压力为 4MPa，阀 2 调定压力为 2MPa，试回答以下问题。

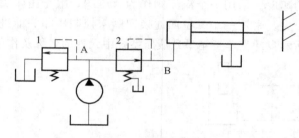

图 2.5.9　液压系统

① 阀 1 是_____，阀 2 是_____。

　　A. 溢流阀　　　　　　B. 减压阀　　　　　　C. 顺序阀

② 当液压缸运动时，无负载，A 点的压力为_____，B 点的压力为_____。

　　A. 0MPa　　　　B. 2MPa　　　　C. 4MPa　　　　D. 6MPa

③ 当液压缸运动至终点碰到挡块时，A 点的压力为_____，B 点的压力为_____。

　　A. 0MPa　　　　B. 2MPa　　　　C. 4MPa　　　　D. 6MPa

（4）当液压系统要求限压时，采用_____；当一支路所需压力小于系统压力时，采用_____；当只利用系统压力变化控制油路的通断时，采用_____。

　　A. 溢流阀　　　　B. 减压阀　　　　C. 顺序阀　　　　D. 换向阀

（5）溢流阀为_____压力控制，阀口_____；减压阀为_____压力控制，阀口_____。

　　A. 出口　　　　B. 入口　　　　C. 常开　　　　D. 常闭

（6）在顺序动作回路中，顺序阀_____接在油路中；在减压回路中，减压阀_____接在油路中。

　　A. 串联　　　　B. 并联　　　　C. 串联或并联

模块三

电气气动系统安装与检修

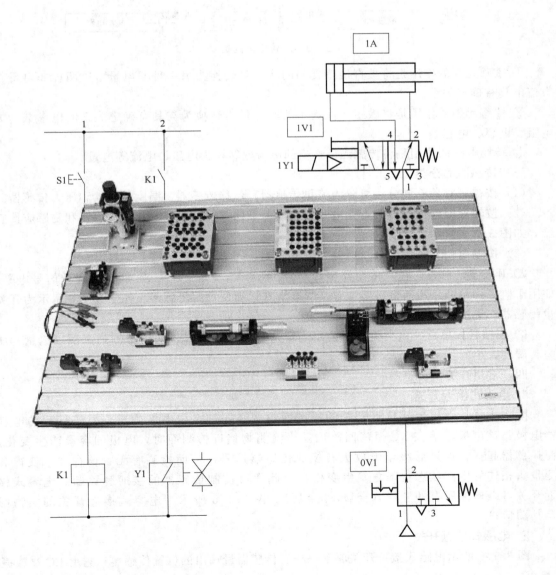

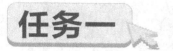

任务一　电气基础知识

子任务一　认识传感器

一、传感器的定义
传感器是将采集到的被测非电量转换为容易进行测试的电量的装置。

二、传感器的组成
传感器的组成如图 3.1.1 所示。

图 3.1.1　传感器的组成

① 敏感元件的作用是将被直接感受到的非电量转换为另一种非电量，这两种非电量在数值上具有确定关系。

② 传感元件的作用是将敏感元件送出的非电量再转换为与其有确定关系的电参数，如电阻、电容、电感等。

③ 转换电路的作用是将传感元件送出的电参数转换为电压、电流等电量。

三、传感器的分类
（1）按被测对象不同分　可分为流量传感器、位移传感器、温度传感器和压力传感器。

（2）按转换原理分　可分为光电式传感器、电感式传感器、电容式传感器和磁感应传感器，如图 3.1.2 所示。

（3）按输出信号的性质分　可分为以下两类。

① 开关量传感器。该类传感器输出"1"或"0"（即"通"或"断"）两种信号电平，如用于监控油箱液压油高低极限位置、气缸活塞运动位置的传感器。如图 3.1.3 所示为开关量传感器在气动机械手的应用。

② 模拟量传感器。该类传感器输出连续变化的模拟信号，如用于测量温度、流量、压力、湿度大小的传感器。

四、常用开关量传感器

1. 电容式接近开关
图 3.1.4 所示电容式接近开关的检测面由两个同轴金属电极构成，很像打开的电容器电极，该电极串接在 RC 振荡回路内。当检测物接近检测面时，电极的容量产生变化，使振荡器起振，通过后级整形放大转换成传感器信号，从而检测有无物体存在，使得和测量头相连的电路状态也随之发生变化，由此便可控制传感器的接通和关断。电容式接近开关可以检测所有的介质（金属/非金属）。图 3.1.5 所示为电容式接近开关的实物图及其图形符号。

2. 电感式接近开关
图 3.1.6 所示电感式接近开关属于一种有传感器量输出的位置传感器，它由 LC 高频振

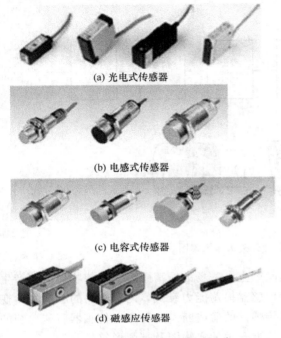

(a) 光电式传感器

(b) 电感式传感器

(c) 电容式传感器

(d) 磁感应传感器

图 3.1.2　传感器按转换原理分类

图 3.1.3　开关量传感器在气动机械手的应用

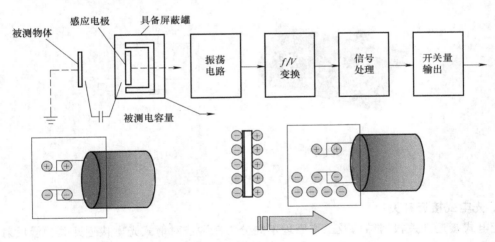

图 3.1.4　电容式接近开关工作原理图

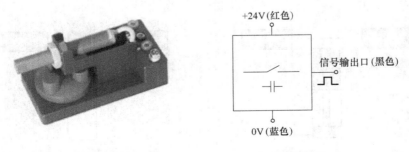

(a) 实物图　　　　　　　　(b) 图形符号

图 3.1.5　电容式接近开关

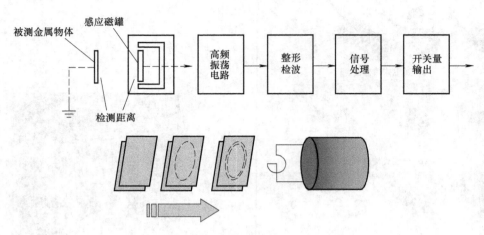

图 3.1.6　电感式接近开关工作原理图

荡器和放大处理电路组成，利用金属物体接近能产生电磁场的振荡感应头，使物体内部产生涡流，这个涡流反作用于接近传感器，使接近传感器振荡能力衰减，内部电路的参数发生变化，由此识别出有无金属物体接近，进而控制传感器的通或断。这种接近传感器所能检测的物体必须是金属物体。图 3.1.7 所示为电感式接近开关的实物图及其图形符号。

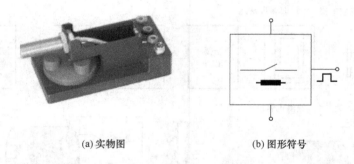

(a) 实物图　　　　　　　　　(b) 图形符号

图 3.1.7　电感式接近开关

3. 光电式接近开关

光电式接近开关根据结构及工作原理不同分为三种：对射式光电接近开关、漫反射式光电接近开关和反射式光电接近开关，如图 3.1.8 所示。

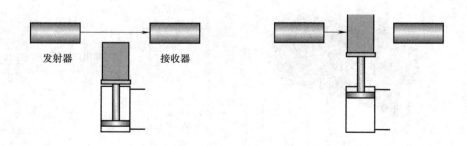

(a) 对射式光电接近开关

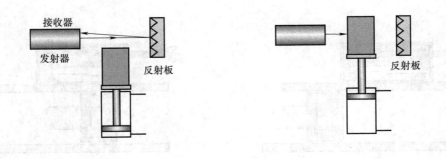

(b)漫反射式光电接近开关

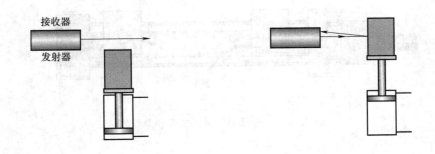

(c)反射式光电接近开关

图 3.1.8　光电式接近开关工作原理图

光电式接近开关的实物图及其图形符号如图 3.1.9 所示。

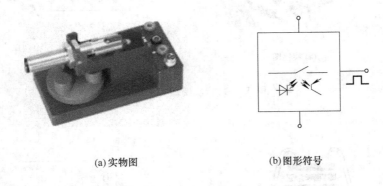

(a)实物图　　　　　　　(b)图形符号

图 3.1.9　光电式接近开关

4. 磁感应接近开关

图 3.1.10 所示磁感应接近开关，主要检测磁性介质，一般用于位置检测。磁感应接近开关安装在气缸缸体上，可以节省空间，使用方便，应用广泛。

磁感应式接近开关的实物图及其图形符号如图 3.1.11 所示。

五、传感器的应用

传感器的应用如图 3.1.12 所示。

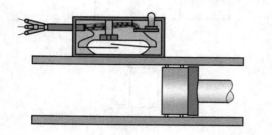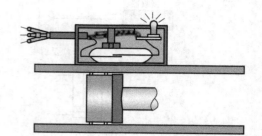

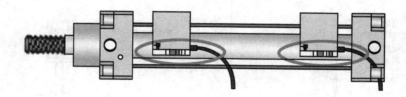

图 3.1.10　磁感应接近开关工作原理图

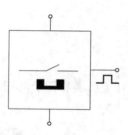

(a) 实物图　　　　　　　(b) 图形符号

图 3.1.11　磁感应接近开关

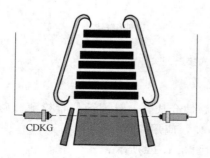

(a)电动扶梯自动启停　　　　　(b) 产品计数

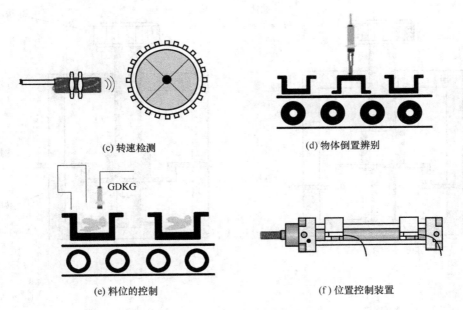

(c) 转速检测　　　　　　　　　(d) 物体倒置辨别

(e) 料位的控制　　　　　　　　(f) 位置控制装置

图 3.1.12　传感器的应用

六、传感器常见故障分析如表 3.1.1 所示

表 3.1.1　传感器常见故障分析

故　　障	可　能　原　因
传感器未接通或发信太迟	(1)传感器失调或传感器上材料有误 ①机械紧固受阻或移位 ②电子传感器上材料变质(例如,电感式传感器和电容式传感器当用不同材料时,它们的传感距离是不同的,这种误差主要发生在产品更换的时候)
	(2)按键和开关上的触点损坏,或传感器半导体输出失常 ①触点有机械磨损 ②触点烧坏 ③接入的电流超过允许的最高电流(例如,感应式传感器的最高电流为 400mA)
传感器接入持续不断,或发出失控信号	(1)电源供应的电压太高或太低 (2)电源供应的波形度太高

子任务二　认识其他常用电气元件

一、按钮

按钮是一种通过人力来短时接通或断开电路的电气元件。按钮按触点形式不同,可分为常开按钮、常闭按钮和复合按钮。如图 3.1.13 所示,常开按钮在无外力作用时,触点断开;有外力作用时,触点闭合。常闭按钮在无外力作用时,触点闭合;有外力作用时,触点断开。

二、开关

图 3.1.14 所示开关是一种通过人力来较长时间接通或断开电路的电气元件。开关按触点形式不同,可分为常开开关、常闭开关和复合开关。

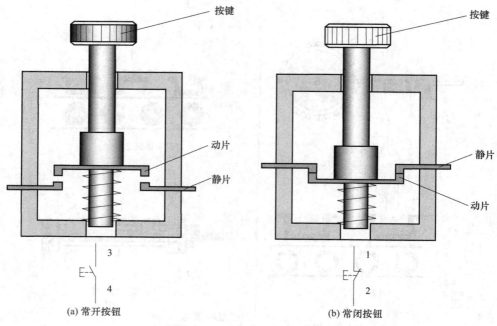

(a) 常开按钮   (b) 常闭按钮

图 3.1.13　常开按钮与常闭按钮

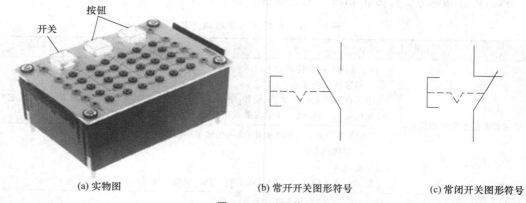

(a) 实物图　　　　　(b) 常开开关图形符号　　　　　(c) 常闭开关图形符号

图 3.1.14　开关

图 3.1.15　电磁继电器实物图

三、电磁继电器

图 3.1.15 所示电磁继电器在电气控制系统中起控制、放大、联锁、保护和调节的作用，是实现控制过程自动化的重要元件，其工作原理如图 3.1.16 所示。电磁继电器的线圈通电后，所产生的电磁吸力克服释放弹簧的反作用力使铁芯和衔铁吸合，衔铁带动动触点 1，使其和静触点 2 分断，和静触点 4 闭合。线圈断电后，在释放弹簧的作用下，衔铁带动动触点 1 与静触点 4 分断，和静触点 2 再次回复闭合状态。

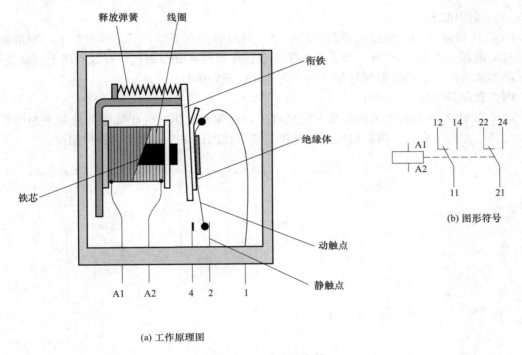

(a) 工作原理图

图 3.1.16 电磁继电器

子任务三 认识基本电气电路

一、是门电路

是门电路是一种简单的通断电路，能实现是门逻辑。如图 3.1.17 所示，按下按钮 SB，电路 1 导通，继电器线圈 K1 通电，其常开触点 K1 闭合，电路 2 导通，指示灯 HL 亮；若松开按钮，则指示灯 HL 熄灭。

二、或门电路

图 3.1.18 所示或门电路也称为并联电路。只要按下三个手动按钮中的任何一个按钮使其闭合，就能使继电器线圈 K1 通电。例如要求在一条自动生产线上的多个操作点可以进行作业。

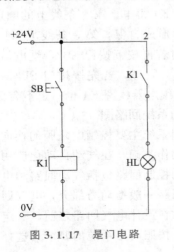

图 3.1.17 是门电路

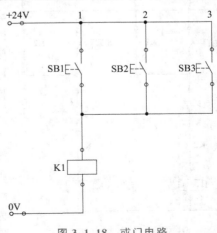

图 3.1.18 或门电路

三、与门电路

图 3.1.19 所示与门电路也称为串联电路。只有将按钮 SB1、SB2 同时按下，则电流才能通过继电器线圈 K1。例如一台设备为防止误操作，保证安全生产，安装了两个启动按钮，只有操作者将两个启动按钮同时按下时，设备才能开始运行。

四、自保持电路

图 3.1.20 所示自保持电路又称为记忆电路，在各种液压、气压装置的控制电路中很常用，尤其是使用单电控电磁换向阀控制液压、气压缸的运动时，需要自保持回路。

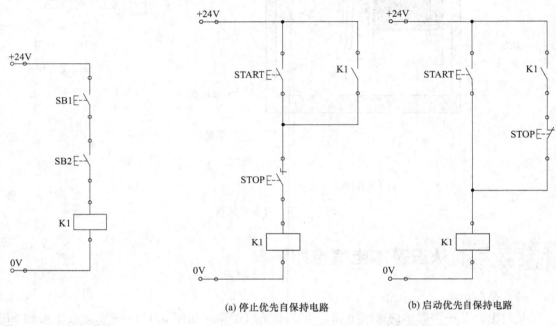

(a) 停止优先自保持电路　　　　　(b) 启动优先自保持电路

图 3.1.19　与门电路　　　　　图 3.1.20　自保持电路

五、互锁电路

互锁电路用于防止错误动作的发生，以保护设备、人员安全。如电动机的正转与反转、气缸的伸出与缩回，为防止同时输入相互矛盾的动作信号，使电路短路或线圈烧坏，控制电路应加互锁功能。如图 3.1.21 所示，按下按钮 SB1，继电器线圈 K1 得电，第 2 条线上的触点 K1 闭合，继电器 K1 形成自保，第 3 条线上 K1 的常闭触点断开，此时若再按下按钮 SB2，继电器线圈 K2 一定不会得电。同理，若先按按钮 SB2，继电器线圈 K2 得电，继电器线圈 K1 也一定不会得电。

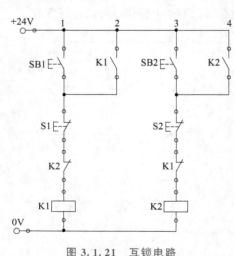

图 3.1.21　互锁电路

六、电气气动系统回路图

电气气动控制系统主要控制电磁阀的换向，其特点是响应快，动作准确，在气动自动化应用中相当广泛。电气气动控制回路包括气动回路和电气回路两部分。气动回路一般指动力部分，电气回路则为控制部分。通常在设计电气回路之前，一定要先设计出气动回路，按照动力系统的要求，选择采用何种形式的电磁阀来控制气动执行元件的运动，从而设计电气回路。在设计中，气动回路图和电气回路图必须分开绘制。在整个系统设计中，气动回路图按照习惯放置于电气回路图的上方或左侧。电气回路主要由按钮、行程开关、继电器及其触点、电磁铁线圈等组成。通过按钮或行程开关使电磁铁通电或断电，控制触点接通或断开被控制的主回路，这种回路也称为继电器控制回路。

巩固与提高

1. 传感器是将采集到的_____转换_____的装置。

2. 传感器由_____、_____、_____组成。

3. 传感器按转换原理分为_____、_____、_____等，按输出形式分为_____和_____两种。

4. 请写出图3.1.22中元件的名称。

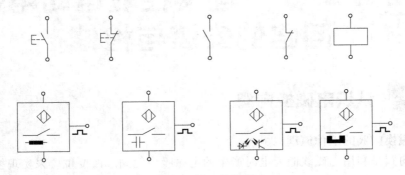

图 3.1.22 元件图

5. 分料装置用三种传感器分辨以下三种工件（见图3.1.23），请将检测时有感应的传感器在表中打"√"（表3.1.2）。

(a) 红色塑料工件　　　　　(b) 黑色塑料工件　　　　　(b) 银白金属工件

图 3.1.23 三种不同颜色工件检测

表 3.1.2 检测表

传感器 工件	电容式传感器	电感式传感器	光电式传感器
红色塑料工件			
黑色塑料工件			
银白金属工件			

6. 图3.1.24所示传感器为_____。

图 3.1.24 传感器实物

任务二 连续往复运动电控回路的安装与检修

子任务一 认识电磁换向阀

一、电磁换向阀的工作原理

电磁换向阀是利用电磁线圈通电时产生的电磁吸力使阀芯改变位置来实现换向的，简称电磁阀。电磁阀能够利用电信号对气流方向进行控制，使得气压系统可以实现电气控制，它是气动系统中最重要的元件。

二、电磁换向阀的分类及特点

1. 按电源种类分

（1）直流型　换向冲击小，噪声小，换向频率高，工作可靠，启动和操纵力小，动铁芯不能吸合时不会烧毁线圈，无蜂鸣声；但换向时间长。

（2）交流型　电源简单，使用方便，启动力大，换向时间短；但换向冲击大，换向频率低，工作可靠性差，当动铁芯不能吸合时易烧毁线圈，易发生蜂鸣声。

2. 按操作方式分

（1）直动式　图 3.2.1 所示直动式电磁阀是利用电磁线圈通电时，静铁芯对动铁芯产生的电磁吸力直接推动阀芯移动实现换向的。直动式电磁阀由于阀芯的换向行程受电磁吸合行程的限制，只适用于小型阀。

（2）先导式　图 3.2.2 所示先导式电磁换向阀是由直动式电磁阀（导阀）和气控换向阀（主阀）两部分构成。其中，直动式电磁阀在电磁先导阀线圈得电后导通产生先导气压，先导气压再来推动大型气控换向阀阀芯动作，实现换向。

直动阀与先导阀的区别如下。

① 直动阀由电磁力直接推动主阀芯换向，先导阀由先导压缩空气推动主阀芯。

② 直动阀可以在低压或真空环境中使用，先导阀一般在 0.15MPa 以上使用。

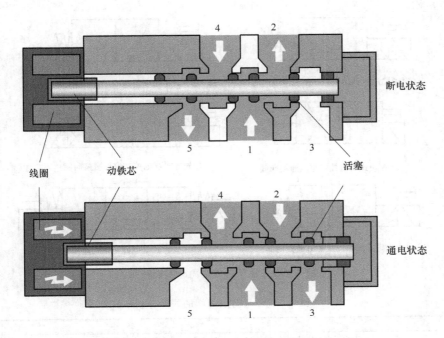

图 3.2.1　直动式单电控二位五通换向阀工作原理图

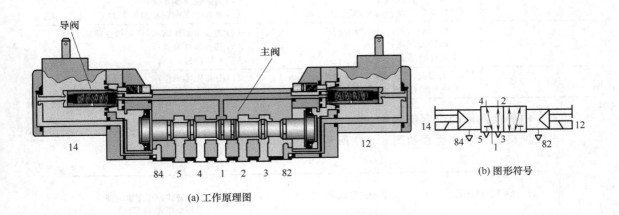

(a) 工作原理图

(b) 图形符号

图 3.2.2　先导式双电控二位五通换向阀

③ 直动阀响应快，高频阀（10Hz 以上）一般采用直动阀。

④ 直动阀功耗大，温升大，一般只用于 6 分（1 分＝0.003m）以下的小口径。

⑤ 当阀芯卡住时，直动阀容易烧毁。

三、常用电磁换向阀图形符号

常用电磁换向阀图形符号如图 3.2.3 所示。

四、气动换向阀的故障及排除方法

主要故障为动作不良、泄漏；主要原因为压缩空气中的冷凝水、尘埃、铁锈、润滑不良、密封圈品质差等，如表 3.2.1 所示。

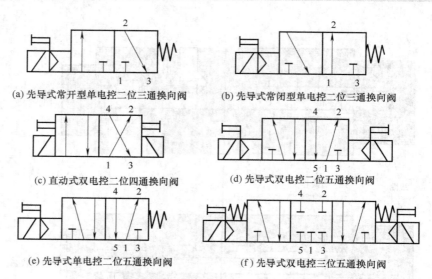

(a) 先导式常开型单电控二位三通换向阀　　(b) 先导式常闭型单电控二位三通换向阀

(c) 直动式双电控二位四通换向阀　　(d) 先导式双电控二位五通换向阀

(e) 先导式单电控二位五通换向阀　　(f) 先导式双电控三位五通换向阀

图 3.2.3　常用电磁换向阀图形符号

表 3.2.1　气动换向阀的故障分析

故　障	原　因	排 除 方 法
阀不能换向	(1)润滑不良,滑动阻力和始动摩擦力大 (2)密封圈压缩量大或膨胀变形 (3)尘埃或油污等被卡在滑动部分或阀座上 (4)弹簧卡住或损坏 (5)控制活塞面积偏小,操作压力不够	(1)改善润滑 (2)适当减少密封圈压缩量,改进配方 (3)清除尘埃或油污 (4)重新装配或更换弹簧 (5)增大活塞面积和操作压力
阀泄漏	(1)密封圈压缩量过小或有损伤 (2)阀杆或阀座有损伤 (3)铸件有缩孔	(1)适当增加压缩量,或更换受损密封件 (2)更换阀杆或阀座 (3)更换铸件
阀产生振动	(1)压力低(先导式) (2)电压低(电磁阀)	(1)提高先导操作压力 (2)提高电源电压或改变线圈参数

五、电磁换向阀的演变历程

电磁换向阀的演变历程如图 3.2.4 所示。

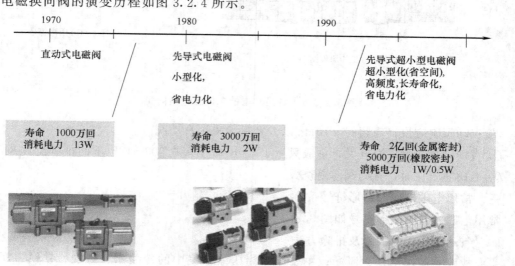

图 3.2.4　电磁换向阀的演变历程

子任务二　连续往复运动电控回路

一、连续往复运动电控回路及工作原理

连续往复运动电控回路如图 3.2.5 所示。

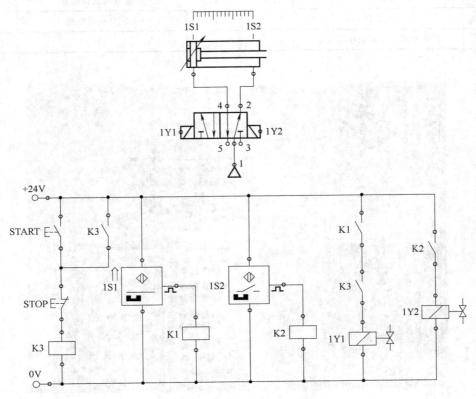

图 3.2.5　连续往复运动电控回路

图 3.2.5 所示连续往复运动电控回路工作原理如下。

按下启动按钮 START，中间继电器 K3 得电并自锁，传感器 1S1 有感应，其输出信号使中间继电器 K1 得电，K1、K3 常开触点闭合，电磁线圈 1Y1 通电，双电控二位五通换向阀工作在左位，气缸活塞杆伸出。

当传感器 1S2 有感应时，其输出信号使中间继电器 K2 得电，K2 常开触点闭合，电磁线圈 1Y2 通电，双电控二位五通换向阀工作在右位，气缸活塞杆退回。

当传感器 1S1 再有信号输出时，回路进入下一次的循环工作，直到按下停止按钮 STOP，中间继电器 K3 自锁断开，系统完成最后一次循环运动，停止工作。

二、连续往复运动电控回路安装设备

① 安装设备清单如表 3.2.2 所示。

② 安装设备实物图如图 3.2.6 所示。

三、连续往复运动电控回路安装与检修步骤

① 读懂连续往复运动电控回路图。

表 3.2.2　安装设备清单

编号	元 件 名 称	数量	编号	元 件 名 称	数量
1	空气压缩机	1台	7	磁感应接近开关	2个
2	压缩空气分配板	1块	8	双电控二位五通换向阀	1个
3	气管	若干条	9	按钮接线盒	1个
4	导线	若干条	10	中间继电器接线盒	1个
5	两联件	1个	11	+24V 直流电源	1个
6	两端可调缓冲式双作用气缸	1个			

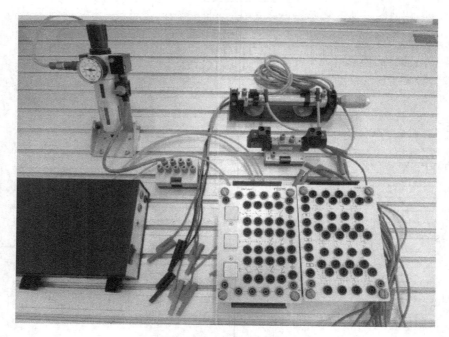

图 3.2.6　安装设备实物图

② 根据回路选择相应的气动元件和电气元件，安装并检查是否牢固可靠。

③ 首先连接气动回路的气管，然后按照电气回路图从左到右、从上往下的顺序连接导线，最后检查气管接口是否正确或接入是否到位，导线是否错接或虚接。

④ 根据需要调节两联件上的调压阀，调定系统工作压力为 4bar。

⑤ 打开气源总开关和电源总开关，检查回路是否有漏气和短路现象，如果出现短路应立刻关电源，待查明原因再试。

⑥ 按下启动按钮，气缸连续往复运动，检查回路是否能实现控制要求。

⑦ 按下停止按钮，气缸运动停止。

⑧ 首先关闭气源总开关和电源总开关，然后拆下气动元件和电气元件并按原位放回元件柜。

 巩固与提高

1. 电控回路的设计。

（1）如图 3.2.7 所示装置，管道口可以被打开和关闭，按下按钮后阀口打开，松开按钮后阀口闭合。根据气动回路设计其电控回路。

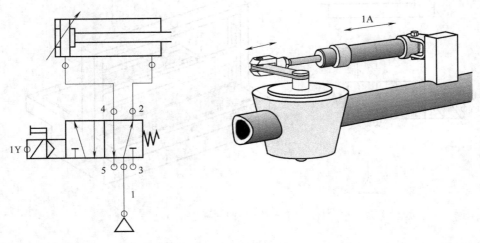

图 3.2.7　气动回路

（2）如图 3.2.8 所示，通过旋转装置，工件在传送带上被转换到另一个方向。按下启动按钮后，工件根据气缸活塞杆的作用被转换到另一个方向上；松开按钮后，活塞杆缩回。根据气动回路设计其电控回路。

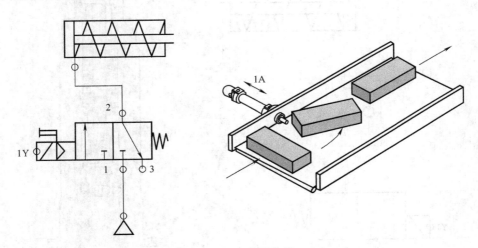

图 3.2.8　旋转装置

（3）如图 3.2.9 所示，使用切割装置剪切固定尺寸的纸张。按下两个启动按钮后，切割刀前进对纸张进行剪切；松开按钮后，切割刀缩回到开始位置。根据气动回路设计其电控回路。

（4）如图 3.2.10 所示铣床刀具夹紧装置，刀具的夹紧和松开由一个按钮来控制。根据气动控制回路设计其电气控制回路。

2. 填空题。

（1）指出图 3.2.11 所示图形符号对应元件的名称。

（2）分析图 3.2.12 所示电磁阀的工作原理。

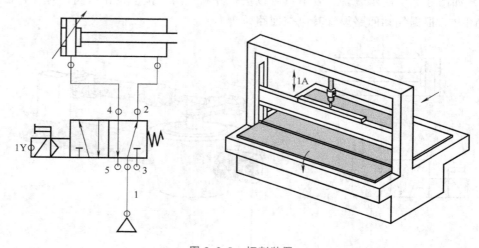

图 3.2.9　切割装置

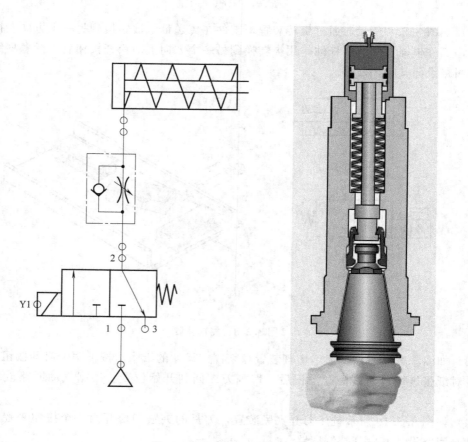

图 3.2.10　铣床刀具夹紧装置

① 当电磁线圈 1Y1 得电而 1Y2 失电时，换向阀工作在 _____ 位，口与 _____ 口相通，_____ 口与 _____ 口相通，_____ 口截止。

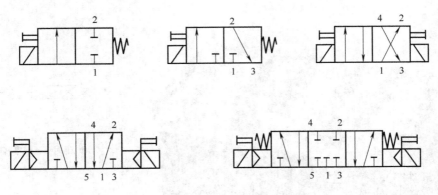

图 3.2.11　图形符号

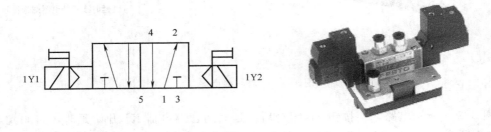

图 3.2.12　电磁阀

② 当电磁线圈 1Y2 得电而 1Y1 失电时，换向阀工作在_____位，_____口与_____口相通，_____口与_____口相通，_____口截止。

任务三　延时电控回路的安装与检修

子任务一　认识时间继电器

一、时间继电器类型及工作原理

（1）延时闭合继电器　当继电器线圈流过电流时，经过预置时间延时，继电器触点闭合；当继电器线圈无电流时，继电器触点断开。

（2）延时断开继电器　当继电器线圈流过电流时，继电器触点闭合；当继电器线圈无电流时，经过预置时间延时，继电器触点断开。

时间继电器实物图及其图形符号如图 3.3.1 所示。

二、各种延时触点符号及工作特点

1. 延时闭合继电器触点符号及工作特点

延时闭合继电器触点符号及其时序图如图 3.3.2 所示。

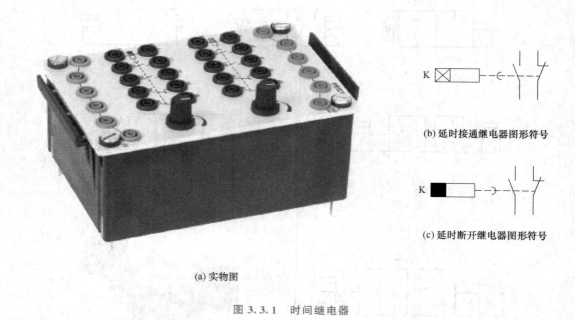

(a) 实物图

(b) 延时接通继电器图形符号

(c) 延时断开继电器图形符号

图 3.3.1 时间继电器

如图 3.3.3 所示电路，当按钮 SB 闭合后，延时闭合继电器 K1 开始延时，时间到，常开触点 K1 闭合，灯 HL 亮；当按钮 SB 松开后，灯 HL 马上熄灭。

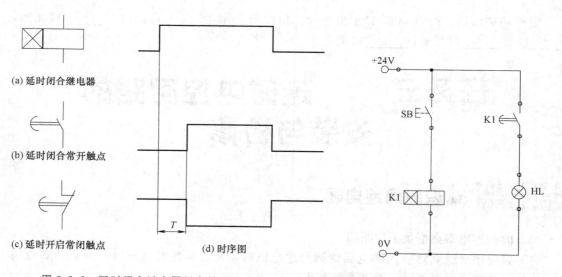

(a) 延时闭合继电器

(b) 延时闭合常开触点

(c) 延时开启常闭触点

(d) 时序图

图 3.3.2　延时闭合继电器触点符号及其时序图

图 3.3.3　延时闭合继电器的应用电路

2. 延时断开继电器触点符号及工作特点

延时断开继电器触点符号及其时序图如图 3.3.4 所示。

如图 3.3.5 所示电路，当按钮 SB 闭合后，延时断开继电器 K2 接通，常开触点 K2 闭合，灯 HL 亮；当按钮 SB 松开后，时间继电器 K2 延时一定时间后断开，灯 HL 才熄灭。

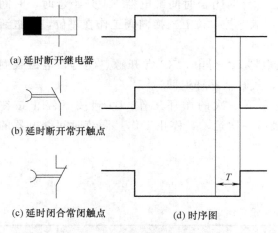

(a) 延时断开继电器

(b) 延时断开常开触点

(c) 延时闭合常闭触点

(d) 时序图

图 3.3.4　延时断开继电器触点符号及其时序图

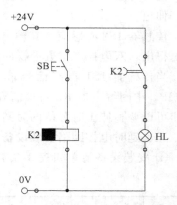

图 3.3.5　延时断开继电器的应用电路

子任务二　延时电控回路

一、延时电控回路及工作原理

延时伸出电控回路如图 3.3.6 所示。

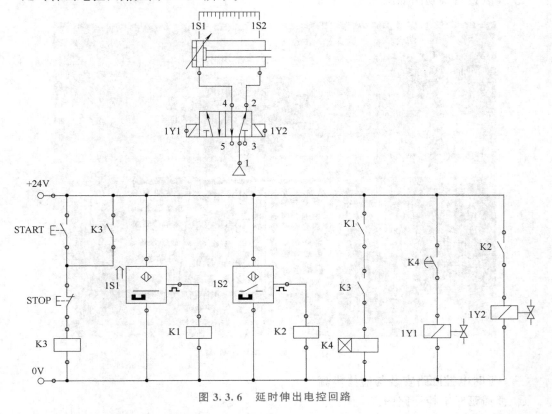

图 3.3.6　延时伸出电控回路

图 3.3.6 所示延时伸出电控回路工作原理如下。

按下启动按钮 START，中间继电器 K3 得电并自锁，传感器 1S1 有感应，其输出信号使中间继电器 K1 得电，K1、K3 常开触点闭合，延时闭合时间继电器 K4 开始延时，时间到，其常开触点 K4 闭合，电磁线圈 1Y1 得电，双电控二位五通换向阀工作在左位，气缸活塞杆伸出。

传感器 1S2 有感应，其输出信号使中间继电器 K2 得电，K2 常开触点闭合，电磁线圈 1Y2 得电，双电控二位五通换向阀工作在右位，气缸活塞杆退回。

当传感器 1S1 再有信号输出时，回路进入下一次的循环工作，直到按下停止按钮 STOP，中间继电器 K3 自锁断开，系统完成最后一次运动，停止工作。调节时间继电器的旋钮可以调整伸出时等待的时间长短。

二、延时电控回路安装设备

① 安装设备清单如表 3.3.1 所示。

表 3.3.1 安装设备清单

编号	元件名称	数量	编号	元件名称	数量
1	空气压缩机	1台	7	磁感应接近开关	2个
2	压缩空气分配板	1块	8	双电控二位五通换向阀	1个
3	气管	若干条	9	按钮接线盒	1个
4	导线	若干条	10	时间继电器接线盒	1个
5	两联件	1个	11	中间继电器接线盒	1个
6	两端可调缓冲式双作用气缸	1个	12	+24V 直流电源	1个

② 安装设备实物图如图 3.3.7 所示。

图 3.3.7 安装设备实物图

三、延时电控回路安装与检修步骤

① 读懂延时电控回路图。

② 根据回路选择相应的气动元件和电气元件，安装并检查是否牢固可靠。

③ 首先连接气动回路的气管，然后按照电气回路图从左到右、从上往下的顺序连接导

线，最后检查气管接口是否正确或接入是否到位，导线是否错接或虚接。

④ 根据需要调节两联件上的调压阀，调定系统工作压力为 4bar。

⑤ 打开气源总开关和电源总开关，检查回路是否有漏气和短路现象，如果出现短路应立刻关电源，待查明原因再试。

⑥ 按下启动按钮，气缸连续往复运动，调节时间继电器旋钮调整伸出时等待时间的长短，时间值由小到大。注意，不要在启动前就调定一个很长的时间，这样容易造成对回路连接是否正确的误判。

⑦ 按下停止按钮，气缸运动停止。

⑧ 关闭气源总开关和电源总开关，将气动元件和电气元件放回元件柜的原位。

 巩固与提高

1. 电控回路的设计。

如图 3.3.8 所示，使用一个旋转轮盘使塑料容器分离，圆周进给工作台使塑料桶等间隔地排列起来。按下启动按钮，做往返运动的气缸活塞杆通过一个定位销带动主动轮有节拍地转动，活塞每次退回到位后等待 3s 再伸出。按下停止按钮则停止工作运行。根据气动回路设计其电控回路。

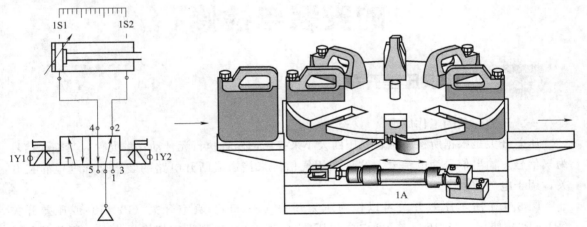

图 3.3.8　旋转轮盘使塑料容器分离

2. 分析图 3.3.9 所示延时电控回路的工作原理。

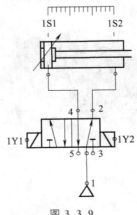

图 3.3.9

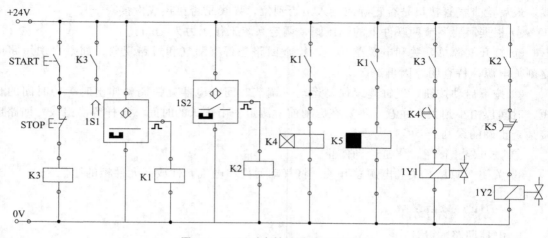

图 3.3.9　延时电控回路工作原理图

任务四　压力控制电控回路的安装与检修

子任务一　认识压差开关

一、压差开关的工作原理

压差开关是根据所检测位置气压的大小来控制回路各执行元件动作的元件，其输入信号为气信号，输出信号为电信号。这种利用气信号来接通或断开电路的装置又称气电转换开关，用于电气控制。

图 3.4.1 所示压差开关可以作为压力开关（P1 口）、真空开关（P2 口）或压差开关（P1－P2）使用。当 P1 口与 P2 口之间压差（p1－p2）达到设定切换压力时，压差开关动

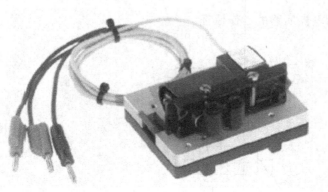

(a) 实物图

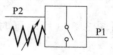

(b) 在气路中的图形符号

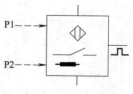

(c) 在电路中的图形符号

图 3.4.1　压差开关

作，气信号转变成电信号输出。

二、压差开关的应用

① 作位置传感器。在某些气动设备或装置中，因结构限制而无法或难以安装位置传感器进行位置检测时，也可以采用安装位置相对灵活的压差开关来代替。这是因为在空载或轻载时气缸工作的压力较低，运动到位活塞停止时压力才会上升，使压差开关产生输出信号。

② 常用于需要进行压力控制和保护的场合。

子任务二　压力控制电控回路

一、压力控制电控回路及工作原理

压力控制电控回路如图 3.4.2 所示。

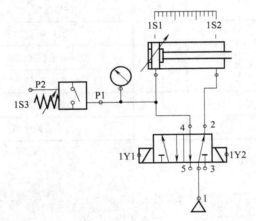

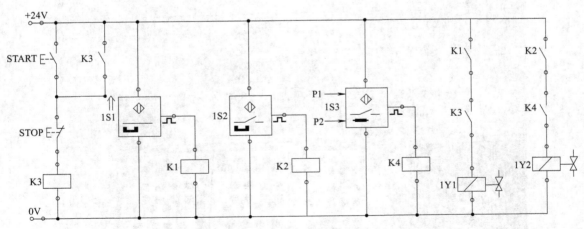

图 3.4.2　压力控制电控回路

图 3.4.2 所示压力控制电控回路工作原理如下。

按下启动按钮 START，中间继电器 K3 得电并自锁，传感器 1S1 有感应，其输出信号使中间继电器 K1 得电，K1、K3 常开触点闭合，电磁线圈 1Y1 得电，双电控二位五通换向阀工作在左位，气缸活塞杆伸出。

传感器 1S2 有感应，其输出信号使中间继电器 K2 得电，当压差开关 1S3 检测活塞的工作压力达到了调定的压力时，压差开关通电，K2、K4 常开触点闭合，电磁线圈 1Y2 得电，双电控二位五通换向阀工作在右位，气缸活塞杆退回。

当传感器 1S1 再有信号输出时，回路进入下一次的循环工作，直到按下停止按钮 STOP，中间继电器 K3 自锁断开，系统完成最后一次运动，停止工作。调节压差开关的旋钮，可以调整系统工作压力的大小。

二、压力控制电控回路安装设备

① 安装设备清单如表 3.4.1 所示。

表 3.4.1　安装设备清单

编号	元件名称	数量	编号	元件名称	数量
1	空气压缩机	1 台	8	双电控二位五通换向阀	1 个
2	压缩空气分配板	1 块	9	按钮接线盒	1 个
3	气管	若干条	10	压差开关	1 个
4	导线	若干条	11	中间继电器接线盒	1 个
5	两联件	1 个	12	三通接头	1 个
6	两端可调缓冲式双作用气缸	1 个	13	压力表	1 块
7	磁感应接近开关	2 个	14	+24V 直流电源	1 个

② 安装设备实物图如图 3.4.3 所示。

图 3.4.3　安装设备实物图

三、压力控制电控回路安装与检修步骤

① 读懂压力控制电控回路图。

② 根据回路选择相应的气动元件和电气元件，安装并检查是否牢固可靠。

③ 首先连接气动回路的气管，然后按照电气回路图从左到右、从上往下的顺序连接导线，最后检查气管接口是否正确或接入是否到位，导线是否错接或虚接。

④ 根据需要调节两联件上的调压阀，调定系统工作压力为 6bar。

⑤ 打开气源总开关和电源总开关，检查回路是否有漏气和短路现象，如果出现短路应立刻关电源，待查明原因再试。

⑥ 按下启动按钮，气缸连续往复运动，调节压差开关的旋钮调整气缸工作压力的大小，观察压力表的读数。

⑦ 按下停止按钮，气缸运动停止。

⑧ 关闭气源总开关和电源总开关，将气动元件和电气元件放回元件柜的原位。

 巩固与提高

1. 图 3.4.4 所示为用压模装置冲压部件。当按下两个按钮开关后，冲压模具向前推进并冲压部件，达到一定冲压压力后，冲压模具回到初始位置。根据气动回路设计其电控回路。

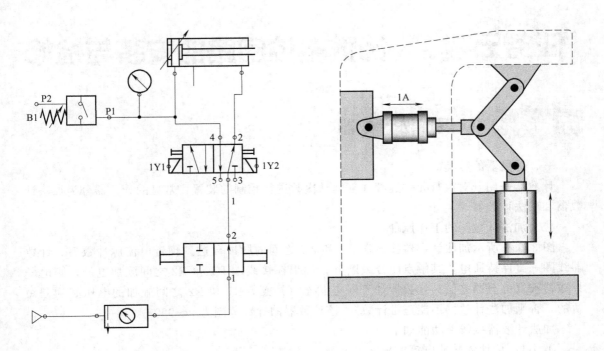

图 3.4.4 用压模装置冲压部件

2. 如图 3.4.5 所示，使用热溶冲模装置，包装材料通过热量和压力被连接起来。按下启动按钮后，热溶杆伸出，包装材料被焊接。当系统达到所要求的压力后，热溶杆回到初始位置。根据气动回路设计其电控回路。

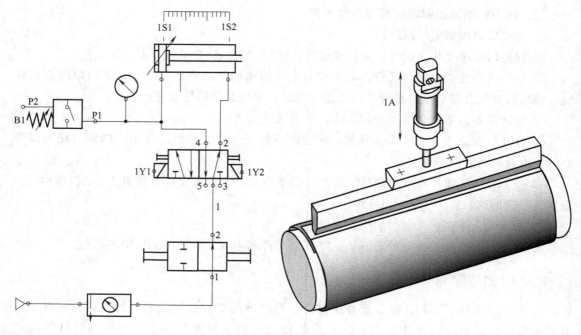

图 3.4.5　热溶冲模装置

任务五　计数电控回路的安装与检修

子任务一　认识加法计数器

一、计数器的种类

计数器是用于对执行元件连续往复运动次数进行控制的装置，常见的计数器分为加法计数器和减法计数器。

二、加法计数器的工作原理

图 3.5.1 所示加法计数器接线端 A1 和 A2 之间的脉冲数达到预置电流脉冲数后，计数器线圈一直保持通电，其触点闭合或断开；如果在接线端 R1 和 R2 之间施加电压，则电子计数器被复位至预置值，计数器处于断电状态（注意，R1 和 R2 之间施加的电压必须是短暂的，否则加法计数器不能正常计数）。该计数器的计数范围为 0～9999。

加法计数器接线端功能如下。

① A1：接计数脉冲电流信号。

② A2：接 0V。

③ R1：接复位电压信号。

④ R2：接 0V。

切记勿在计数器计数的过程中进行手动重新设置计数次数，这样容易损坏计数器。

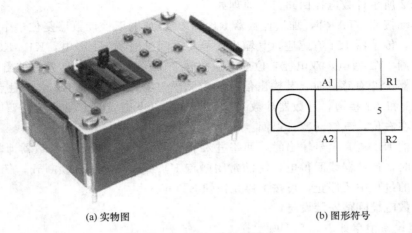

(a) 实物图　　　　　　(b) 图形符号

图 3.5.1　加法计数器

子任务二　计数电控回路

一、计数电控回路及工作原理

计数电控回路如图 3.5.2 所示。

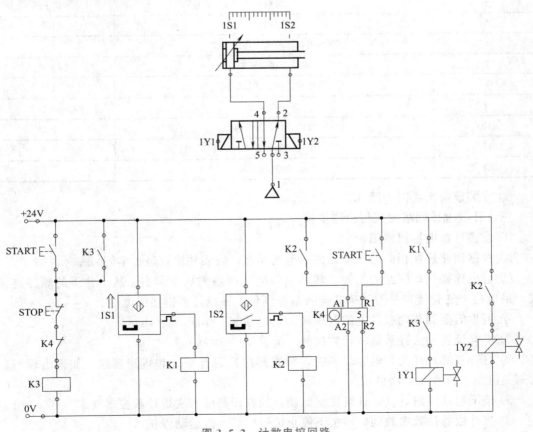

图 3.5.2　计数电控回路

图 3.5.2 所示计数电控回路工作原理如下。

按下启动按钮 START，加法计数器 R1 和 R2 施加电压，计数器复位，中间继电器 K3 得电并自锁，传感器 1S1 有感应，其输出信号使中间继电器 K1 得电，K1、K3 常开触点闭合，电磁线圈 1Y1 通电，双电控二位五通换向阀工作在左位，气缸活塞杆伸出。

当传感器 1S2 有感应时，其输出信号使中间继电器 K2 得电，K2 常开触点闭合，使加法计数器 A1 和 A2 接通，计数器计数一次（即加 1），电磁线圈 1Y2 通电，双电控二位五通换向阀工作在右位，气缸活塞杆退回。

当传感器 1S1 再有信号输出时，回路进入下一次的循环工作。当计数器计数次数达到了设定的次数时，计数器线圈得电，它的常闭触点 K4 断开，电路自锁断开，气缸停止运动。如果在计数的过程中要停止，可按下停止按钮 STOP。

二、计数电控回路安装设备

① 安装设备清单如表 3.5.1 所示。

表 3.5.1　安装设备清单

编号	元件名称	数量
1	空气压缩机	1 台
2	压缩空气分配板	1 块
3	气管	若干条
4	导线	若干条
5	两联件	1 个
6	两端可调缓冲式双作用气缸	1 个
7	磁感应接近开关	2 个
8	双电控二位五通换向阀	1 个
9	按钮接线盒	1 个
10	加法计数器接线盒	1 个
11	中间继电器接线盒	1 个
12	+24V 直流电源	1 个

② 安装设备实物图如图 3.5.3 所示。

三、计数电控回路安装与检修步骤

① 读懂计数电控回路图。

② 根据回路选择相应的气动元件和电气元件，安装并检查是否牢固可靠。

③ 首先连接气动回路的气管，然后按照电气回路图从左到右、从上往下的顺序连接导线，最后检查气管接口是否正确或接入是否到位，导线是否错接或虚接。

④ 根据需要调节两联件上的调压阀，调定系统工作压力为 4bar。

⑤ 手动设置加法计数器的计数次数（推荐 10～20 次）。

⑥ 打开气源总开关和电源总开关，检查回路是否有漏气和短路现象，如果出现短路应立刻关电源，待查明原因再试。

⑦ 按下启动按钮，气缸连续往复运动，检查回路能否实现计数控制要求。

⑧ 当计数器计数次数到后或按下停止按钮后，气缸运动停止。

⑨ 关闭气源总开关和电源总开关，将气动元件和电气元件放回元件柜的原位。

图 3.5.3　安装设备实物图

 巩固与提高

1. 电控回路的设计。

图 3.5.4 所示为一个标签的粘贴生产线。在生产线上通过设定粘贴气缸的运动次数来设定加工任务，当加工任务完成后自动停止生产线。根据气动回路（见图 3.5.5）设计其电控回路。

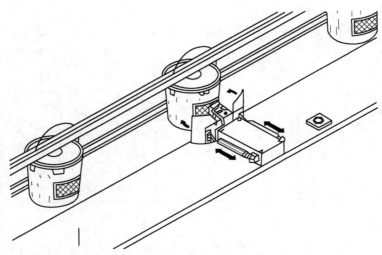

图 3.5.4　标签粘贴生产线

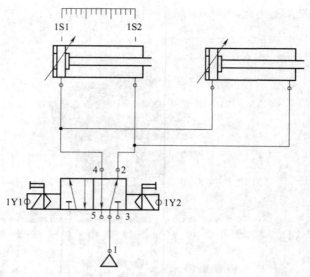

图 3.5.5　标签粘贴生产线气动回路

2. 解析对应元件在图 3.5.6 所示控制回路中的功能，并填入表 3.5.2 中。

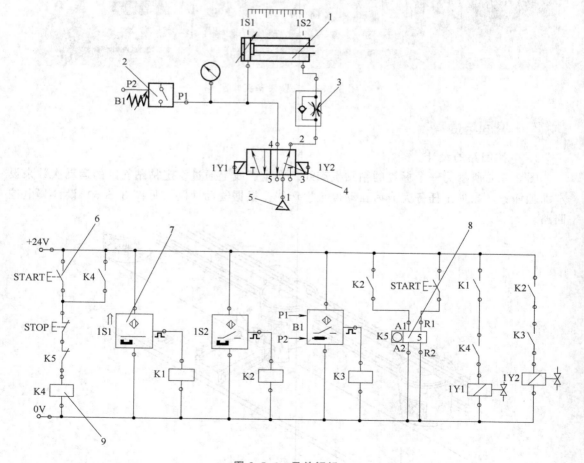

图 3.5.6　元件解析

表 3.5.2　元件功能

序号	元件名称	功　能
1		
2		
3		
4		
5		
6		
7		
8		
9		

任务六　双缸顺序动作电控回路的安装与检修

子任务一　A1B1A0B0 电控回路

一、A1B1A0B0 电控回路及工作原理

A1B1A0B0 电控回路如图 3.6.1 所示。

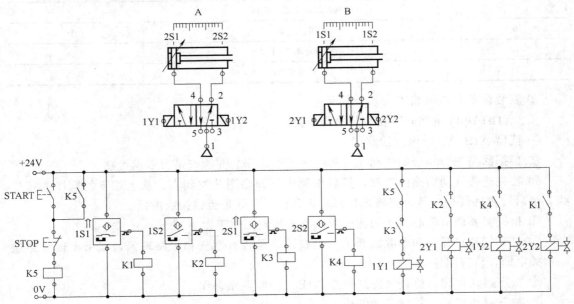

图 3.6.1　A1B1A0B0 电控回路

图 3.6.1 所示 A1B1A0B0 电控回路工作原理如下。

按下启动按钮 START 后，中间继电器 K5 得电并自锁，传感器 2S1 有感应，其输出信号使中间继电器 K3 得电，K5、K3 常开触点闭合，电磁线圈 1Y1 通电，A 气缸活塞杆伸出。

当传感器 1S2 有感应时，其输出信号使中间继电器 K2 得电，K2 常开触点闭合，电磁线圈 2Y1 通电，B 气缸活塞杆伸出。

当传感器 2S2 有感应时，其输出信号使中间继电器 K4 得电，K4 常开触点闭合，电磁线圈 1Y2 通电，A 气缸活塞杆退回。

当传感器 1S1 有感应时，其输出信号使中间继电器 K1 得电，K1 常开触点闭合，电磁线圈 2Y2 通电，B 气缸活塞杆退回。

当传感器 2S1 再有信号输出时，回路进入下一次的循环工作，直到按下停止按钮 STOP，中间继电器 K5 自锁断开，系统完成最后一次运动，停止工作。

二、A1B1A0B0 电控回路安装设备

① 安装设备清单如表 3.6.1 所示。

表 3.6.1　安装设备清单

编号	元件名称	数量
1	空气压缩机	1 台
2	压缩空气分配板	1 块
3	气管	若干条
4	导线	若干条
5	两联件	1 个
6	两端可调缓冲式双作用气缸	2 个
7	磁感应接近开关	4 个
8	双电控二位五通换向阀	2 个
9	按钮接线盒	1 个
10	中间继电器接线盒	2 个
11	+24V 直流电源	1 个

② 安装设备实物图如图 3.6.2 所示。

三、A1B1A0B0 电控回路安装与检修步骤

① 读懂 A1B1A0B0 电控回路图。

② 根据回路选择相应的气动元件和电气元件，安装并检查是否牢固可靠。

③ 首先连接气动回路的气管，然后按照电气回路图从左到右、从上往下的顺序连接导线，最后检查气管接口是否正确或接入是否到位，导线是否错接或虚接。

④ 根据需要调节两联件上的调压阀，调定系统工作压力为 4bar。

⑤ 打开气源总开关和电源总开关，检查回路是否有漏气和短路现象，如果出现短路应立刻关电源，待查明原因再试。

⑥ 按下启动按钮，检查气缸是否按 A1B1A0B0 顺序动作。

⑦ 按下停止按钮，气缸运动停止。

⑧ 首先关闭气源总开关和电源总开关，然后拆下气动元件和电气元件并按原位放回元件柜。

图 3.6.2　安装设备实物图

子任务二　A1B1B0A0 电控回路

一、A1B1B0A0 电控回路及工作原理

A1B1B0A0 电控回路如图 3.6.3 所示。

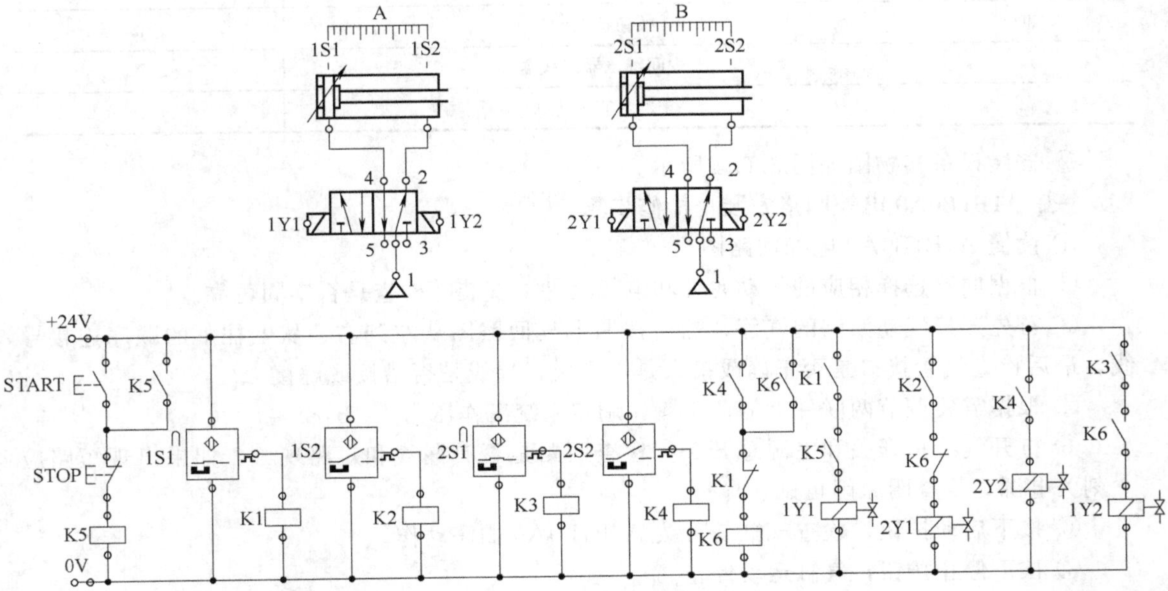

图 3.6.3　A1B1B0A0 电控回路

图 3.6.3 所示 A1B1B0A0 电控回路工作原理如下。

按下启动按钮 START，中间继电器 K5 得电并自锁，传感器 1S1 有感应，其输出信号使中间继电器 K1 得电，K1、K5 常开触点闭合，电磁线圈 1Y1 通电，A 气缸活塞杆伸出。

当传感器 1S2 有感应时，其输出信号使中间继电器 K2 得电，K2 常开触点闭合，电磁线圈 2Y1 通电，B 气缸活塞杆伸出。

当传感器 2S2 有感应时，其输出信号使中间继电器 K4 得电，K4 常开触点闭合，中间继电器 K6 得电并自锁，此时电磁线圈 2Y1 失电，2Y2 通电，B 气缸活塞杆退回。

当传感器 2S1 有感应时，其输出信号使中间继电器 K3 得电，K3、K6 常开触点闭合，电磁线圈 1Y2 通电，A 气缸活塞杆退回。

当传感器 1S1 再有信号输出时，K6 自锁回路断开，电磁线圈 1Y2 失电，1Y1 重新得电，系统进入下一次的循环工作，直到按下停止按钮 STOP，中间继电器 K5 自锁断开，系统完成最后一次运动，停止工作。

二、A1B1B0A0 电控回路安装设备

① 安装设备清单如表 3.6.2 所示。

表 3.6.2   安装设备清单

编号	元件名称	数量
1	空气压缩机	1 台
2	压缩空气分配板	1 块
3	气管	若干条
4	导线	若干条
5	两联件	1 个
6	两端可调缓冲式双作用气缸	2 个
7	磁感应接近开关	4 个
8	双电控二位五通换向阀	2 个
9	按钮接线盒	1 个
10	中间继电器接线盒	2 个
11	+24V 直流电源	1 个

② 安装设备实物图如图 3.6.4 所示。

三、A1B1B0A0 电控回路安装与检修步骤

① 读懂 A1B1B0A0 电控回路图。

② 根据回路选择相应的气动元件和电气元件，安装并检查是否牢固可靠。

③ 首先连接气动回路的气管，然后按照电气回路图从左到右、从上往下的顺序连接导线，最后检查气管接口是否正确或接入是否到位，导线是否错接或虚接。

④ 根据需要调节两联件上的调压阀，调定系统工作压力为 4bar。

⑤ 打开气源总开关和电源总开关，检查回路是否有漏气和短路现象，如果出现短路应立刻关电源，待查明原因再试。

⑥ 按下启动按钮，检查气缸是否按 A1B1B0A0 顺序动作。

⑦ 按下停止按钮，气缸运动停止。

⑧ 首先关闭气源总开关和电源总开关，然后拆下气动元件和电气元件并按原位放回元件柜。

图 3.6.4　安装设备实物图

巩固与提高

1. 分析图 3.6.5 所示工件转运站电控回路（见图 3.6.6）的工作原理。

提示：在转运站上，工件从料仓中转移到加工站上。气缸 1A 将工件从料仓中推出，由气缸 2A 转移到加工站上。当气缸 1A 的活塞杆缩回到末端位置时，气缸 2A 的活塞杆伸出。料仓被限位开关所监测。如果料仓中没有工件，气缸不再运动。这种情况发生时，由一个信号灯显示。该控制为单循环。

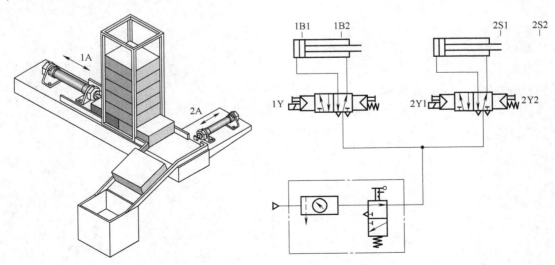

图 3.6.5　工件转运站电控回路

2. 用连线方式为图示元件找到对应的图形符号及名称。

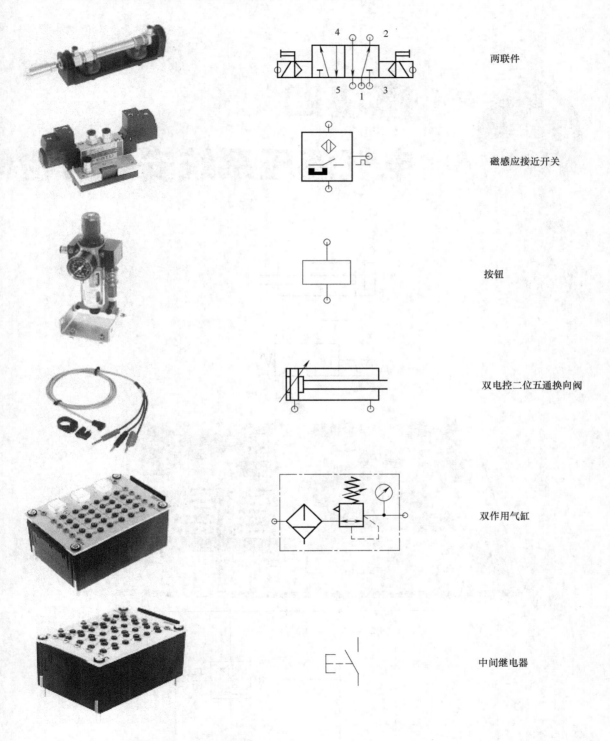

两联件

磁感应接近开关

按钮

双电控二位五通换向阀

双作用气缸

中间继电器

模块四

电气液压系统安装与检修

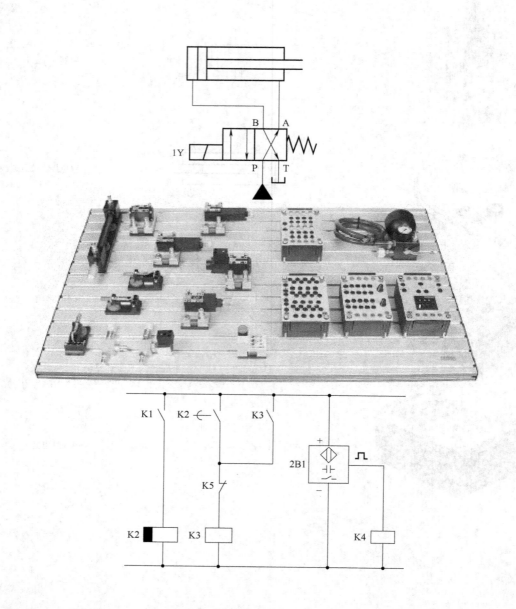

任务一　差动连接电控回路的安装与检修

子任务一　认识差动连接

在空行程阶段或负载较小时，液压缸活塞的运动速度较快，采用快速回路可以在尽量减少液压泵流量损失的情况下使执行元件获得较快的运动速度，以提高生产效率。差动连接回路是实现快速运动的重要形式。

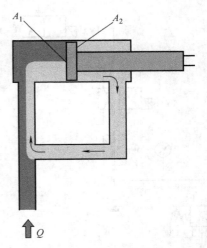

一、差动连接的定义

图 4.1.1 所示单活塞杆液压缸在其左、右两腔相互接通并同时输入压力油时，由于作用在活塞两端面上的推力产生推力差，在此推力差的作用下，活塞向右运动，这时从液压缸有杆腔排出的油液也进入液压缸的左腔，使活塞实现快速运动，这种连接方式称为差动连接。作差动连接的单活塞杆液压缸称为差动液压缸。

图 4.1.1　差动液压缸

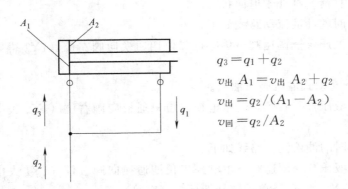

$$q_3 = q_1 + q_2$$
$$v_{出} A_1 = v_{出} A_2 + q_2$$
$$v_{出} = q_2 / (A_1 - A_2)$$
$$v_{回} = q_2 / A_2$$

图 4.1.2　差动连接的液压缸

二、差动连接的特点

图 4.1.2 所示为用于差动连接的液压缸，如果 $A_1 = 2A_2$，则 $v_{出} = v_{回}$，$F_{出} = F_{回}$，即两个方向的液压推力和运动速度相等。因此，差动液压连接常用于需要获得快进—慢进—快退工作循环的组合机床和各类专机的液压系统中。

子任务二 差动连接电控回路

一、差动连接电控回路及工作原理

差动连接电控回路如图 4.1.3 所示。

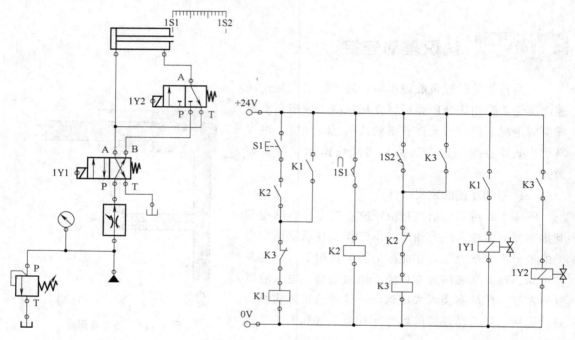

图 4.1.3 差动连接电控回路

图 4.1.3 所示差动连接电控回路工作原理如下。

在初始状态，液压缸活塞杆处于退回状态。

液压缸活塞杆伸出时的油液流动路线如下。

进油路：①油箱→液压泵→调速阀→单电控二位四通换向阀左位（1Y1 得电）→单活塞杆液压缸（左腔）。

② 油箱→液压泵→直动式溢流阀→油箱。

回油路：单活塞杆液压缸（右腔）→单电控二位三通换向阀右位（1Y2 失电）→单活塞杆液压缸（左腔）。

液压缸活塞杆退回时的油液流动路线如下。

进油路：①油箱→液压泵→调速阀→单电控二位四通换向阀右位（1Y1 失电）→单电控二位三通换向阀左位（1Y2 得电）→单活塞杆液压缸（右腔）。

② 油箱→液压泵→直动式溢流阀→油箱。

回油路：单活塞杆液压缸（左腔）→手动二位四通换向阀（右位）→油箱。

通过按钮 S1 控制液压缸活塞可以实现单循环运动，在伸出时差动连接，提高活塞运动速度。

二、差动连接电控回路安装设备

① 安装设备清单如表 4.1.1 所示。

表 4.1.1　安装设备清单

编号	元件名称	数量
1	液压机组	1 套
2	带压力表的分配板	1 块
3	带快速接头的油管	若干条
4	三通接头	2 个
5	双作用液压缸	1 个
6	单电控二位四通换向阀	1 个
7	单电控二位三通换向阀	1 个
8	压力表	1 块
9	调速阀	1 个
10	溢流阀	1 个
11	导线	若干条
12	中间继电器接线盒	1 个
13	按钮接线盒	1 个
14	行程开关	2 个
15	+24V 直流电源	1 个

② 安装设备实物图如图 4.1.4 所示。

图 4.1.4　安装设备实物图

三、差动连接电控回路安装与检修步骤

① 读懂差动连接电控回路图。

② 从元件柜里找出相应的元件安装在工作台上，并检查安装是否牢固可靠。

③ 按液压油流动的方向接油管，检查油口连接是否正确。

④ 按照电气回路图从左到右、从上往下的顺序连接导线，检查导线是否错接或虚接。

⑤ 打开电源总开关，检查回路是否有短路现象，如果出现短路应立刻关电源，待查明原因再试。

⑥ 将溢流阀的弹簧拧得尽量松，然后启动液压泵。

⑦ 当液压泵正常启动后，再慢慢将溢流阀的弹簧拧紧，观察压力表的读数是否达到了系统要求的最大工作压力值（推荐值：50bar）。

⑧ 按下按钮，检查在差动连接时液压缸的活塞运动速度的变化情况。

⑨ 停泵前，应将溢流阀的弹簧拧得尽量松。

⑩ 关闭电源总开关，然后拆下液压元件和电气元件并按原位放回元件柜，收拾干净工作台。

巩固与提高

1. 电控回路的设计。

图 4.1.5 所示平面磨床的工作台是由一个液压缸驱动的。因为要求工作台往返速度相同，所以需要设计一个液压回路为液压缸两个不同体积的活塞腔提供不同流量，以达到速度相同。根据液压回路设计其电控回路。

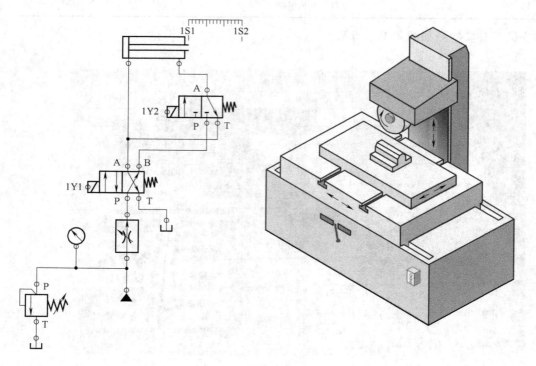

图 4.1.5　平面磨床的工作台

2. 根据图 4.1.6 所示工作循环图，填写电磁铁动作顺序表 4.1.2（得电用"＋"表示，断电用"－"表示）。

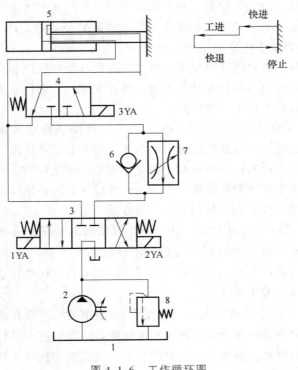

图 4.1.6 工作循环图

表 4.1.2 电磁铁动作顺序

序号	工作循环	1YA	2YA	3YA
1	快进			
2	工进			
3	快退			
4	停止			

任务二 速度换接电控回路的安装与检修

子任务一 认识速度控制回路

速度控制回路用于液压系统中执行元件的速度调节和变换。液压系统对速度控制回路的要求：调速范围大、速度稳定性好、效率高。速度控制回路按工作原理不同，分为调速回路、快速运动回路和速度换接回路三种。

一、调速回路

1. 调速回路的原理

液压缸的运动速度 v 由输入流量 q 和液压缸的有效作用面积 A 所决定，即 $v=q/A$。

液压马达的转速 n 由输入流量 q 和液压马达的排量 V 所决定，即 $n=q/V$。

2. 调速回路的分类及工作特点

（1）节流调速回路　通过改变回路中流量控制元件（如节流阀和调速阀）通流截面积大小来控制流入执行元件和流出执行元件的流量，从而实现执行元件运动速度的调节。

节流调速回路可以分为以下三个回路。

① 进油节流调速回路〔见图 4.2.1（a）〕。将节流阀串联在进入液压缸的油路上，调节节流阀开口面积，改变进入液压缸的流量，从而改变活塞的运动速度。液压缸回油腔和回油管中压力较低，当采用单活塞杆液压缸时，若工作进给时给无杆腔进油，因活塞有效作用面积大可以获得较大的推力和较慢的速度。当节流阀开口一定时，液压缸的速度随负载的增加而降低。这种回路多用于冲击小、负载变化小的液压系统中。

② 回油节流调速回路〔见图 4.2.1（b）〕。将节流阀串联在回油路上，使液压缸回油经节流阀流回油箱。节流阀改变开口面积可控制液压缸的排油量，从而控制液压缸的工作速度。节流阀在回油路可以产生背压，相对进油节流调速而言，运动比较平稳，常用于负载变化较大、要求运动平稳的液压系统中。

③ 旁路节流调速回路〔见图 4.2.1（c）所示〕。将节流阀并联在液压泵和液压缸的分支油路上，液压泵输出的流量一部分经节流阀流回油箱，一部分进入液压缸。可以通过调节节流阀改变流回油箱的油量来控制进入液压缸的流量，从而改变执行元件的运动速度。旁路节流调速回路速度慢、承载能力又差，故其应用比前两种回路少，只用于高速、重载且对速度平稳性要求不高的较大功率系统中。

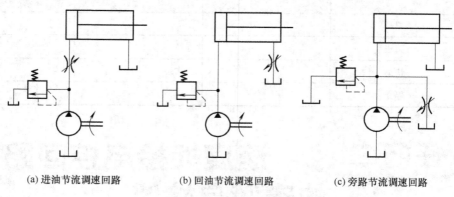

(a) 进油节流调速回路　　(b) 回油节流调速回路　　(c) 旁路节流调速回路

图 4.2.1　节流调速回路

（2）容积调速回路　是利用改变液压泵或液压马达的排量来实现调速的。其没有节流损失和回流损失，因而效率高，油液温升小，适用于高速、大功率调速系统，但变量泵和变量马达的结构较复杂，成本较高。

（3）容积节流调速回路　是采用变量泵供油、调速阀（或节流阀）调节进入液压缸的流量并使泵的输出流量自动地与液压缸所需流量相适应。容积节流复合调速回路用于低速、稳定性要求较高的场合。

二、快速运动回路

快速运动回路又称增速回路，其功用在于使液压执行元件在空载时获得所需的高速，以提高系统的工作效率或充分利用功率。快速运动回路有差动回路［见图4.2.2（a）］、采用蓄能器的快速补油回路、利用双泵供油的快速运动回路［见图4.2.2（b）］。

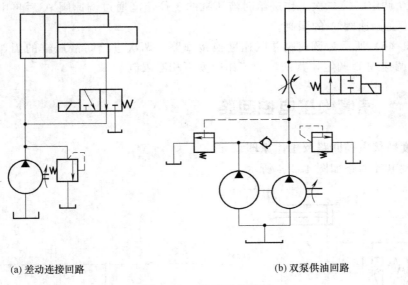

(a) 差动连接回路   (b) 双泵供油回路

图 4.2.2 快速运动回路

三、速度换接回路

速度换接回路是液压执行机构在一个工作循环中从一种速度变换到另一种运动速度的回

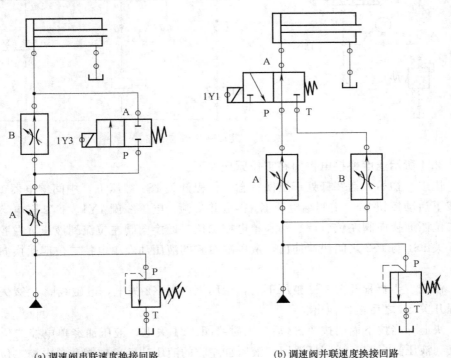

(a) 调速阀串联速度换接回路   (b) 调速阀并联速度换接回路

图 4.2.3 速度换接回路

路。因而这个转换不仅包括液压执行元件快速到慢速的换接，而且包括两个慢速之间的换接。实现这些功能的回路应该具有较高的速度换接平稳性。快速与慢速的换接回路通常是行程阀控制的回路；两个慢速的换接回路通常是调速阀控制的回路，又称二次进给回路。

图 4.2.3（a）所示为调速阀串联速度换接回路。第一次工作进给时液压缸的工作速度通过调速阀 A 调定，第二次工作进给时液压缸的工作速度通过调速阀 A 后再由调速阀 B 调定，速度大小受调速阀 A 的限制。

图 4.2.3（b）所示为调速阀并联速度换接回路。两次进给时液压缸的工作速度分别由调速阀 A 和调速阀 B 调定，其调定的工作速度不相互限制。

子任务二　速度换接电控回路

一、速度换接电控回路及工作原理
速度换接电控回路如图 4.2.4 所示。

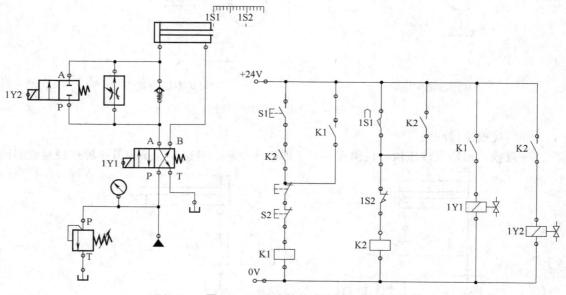

图 4.2.4　速度换接电控回路

图 4.2.4 所示速度换接电控回路工作原理如下。

（1）快进　初始，活塞杆处于退回状态，行程开关 1S1 被压下，中间继电器 K2 得电并自锁。按下启动按钮 S1，中间继电器 K1 得电并自锁，电磁线圈 1Y1、1Y2 得电，液压油经单电控二位四通换向阀左位、调速阀和单电控二位二通换向阀左位流到液压缸左腔，活塞杆在行程开关 1S1 与 1S2 之间快速伸出，液压缸右腔的液压油经单电控二位四通换向阀左位流回油箱。

（2）慢进　当行程开关 1S2 被压下后，中间继电器 K2 失电，电磁线圈 1Y2 失电，活塞杆在行程开关 S2 之后慢速伸出。

（3）快退　当按下返回按钮 S2 后，电磁线圈 1Y1 失电，液压油经单电控二位四通换向阀右位流到液压缸右腔，活塞杆退回，液压缸左腔的液压油经单向阀和单电控二位四通换向阀右位流回油箱。

（4）停止 当活塞杆退回到初始位置 1S1 后，系统停止运动。

二、速度换接电控回路安装设备

① 安装设备清单如表 4.2.1 所示。

表 4.2.1 安装设备清单

编号	元件名称	数量
1	液压机组	1 套
2	带压力表的分配板	1 块
3	带快速接头的油管	若干条
4	三通接头	5 个
5	双作用液压缸	1 个
6	单电控二位四通换向阀	1 个
7	单电控二位二通换向阀	1 个
8	压力表	1 块
9	调速阀	1 个
10	溢流阀	1 个
11	导线	若干条
12	中间继电器接线盒	1 个
13	按钮接线盒	1 个
14	行程开关	2 个
15	普通单向阀	1 个
16	＋24V 直流电源	1 个

② 安装设备实物图如图 4.2.5 所示。

图 4.2.5 安装设备实物图

三、速度换接电控回路安装与检修步骤

① 读懂速度换接电控回路图。

② 从元件柜里找出相应的元件安装在工作台上，并检查安装是否牢固可靠。

③ 按液压油流动的方向接油管，检查油口连接是否正确。

④ 按电气回路图从左到右、从上往下的顺序连接导线，检查导线是否错接或虚接。

⑤ 打开电源总开关，检查回路是否有短路现象，如果出现短路应立刻关电源，待查明原因再试。

⑥ 将溢流阀的弹簧拧得尽量松，然后启动液压泵。

⑦ 当液压泵正常启动后，再慢慢将溢流阀的弹簧拧紧，观察压力表的读数是否达到了系统要求的最大工作压力值（推荐值：50bar）。

⑧ 操作按钮，检查液压缸活塞是否能实现快进、慢进、快退的功能。

⑨ 停泵前，应将溢流阀的弹簧拧得尽量松。

⑩ 关闭电源总开关，然后拆下液压元件和电气元件并按原位放回元件柜，收拾干净工作台。

 巩固与提高

1. 选择题。

（1）_____是用来调节流量及稳定流量的流量控制阀。

A. 节流阀　　　　B. 调速阀　　　　C. 溢流阀　　　　D. 单向阀

（2）_____调速回路适用于负值负载下工作。

A. 进油路节流　　B. 回油路节流　　C. 旁路节流

（3）使用_____进行调速时，执行元件的运动速度不受负载变化的影响。

A. 调速阀　　　　B. 顺序阀　　　　C. 溢流阀　　　　D. 节流阀

（4）在功率不大，但载荷变化较大、运动平稳性要求较高的液压系统中，应采用_____调速回路。

A. 进油路节流　　B. 回油路节流　　C. 旁路节流

2. 根据图 4.2.6 所示液压回路完成钻孔电控回路的设计。

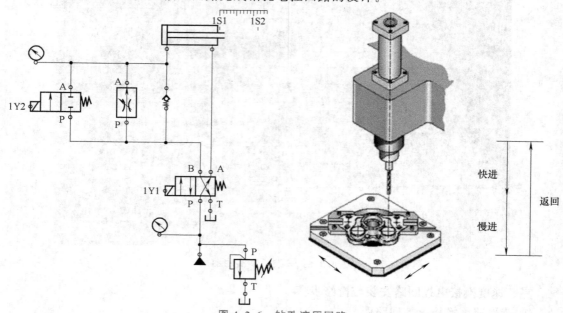

图 4.2.6　钻孔液压回路

3. 根据图 4.2.7 和图 4.2.8 工作循环图，填写电磁铁动作顺序表 4.2.2 和表 4.2.3（得电用"＋"表示，断电用"－"表示）。

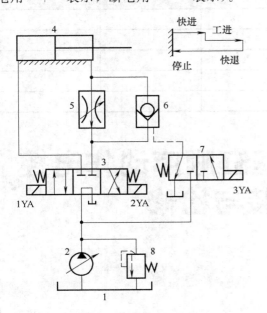

图 4.2.7　工作循环（一）

表 4.2.2　电磁铁动作顺序

序号	工作循环	1YA	2YA	3YA
1	快进			
2	工进			
3	快退			
4	停止			

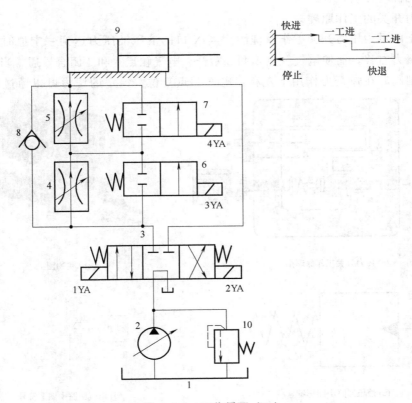

图 4.2.8　工作循环（二）

表 4.2.3   电磁铁动作顺序

序号	工作循环	1YA	2YA	3YA	4YA
1	快进				
2	一工进				
3	二工进				
3	快退				
4	停止				

任务三   双液压缸顺序动作电控回路的安装与检修

子任务一   认识压力开关

一、压力开关的功能

压力开关是一种简单的压力控制装置。当达到设定压力后，则可调压力开关切换，并驱动相应电气元件动作。

二、压力开关的工作原理

图 4.3.1 所示为压力开关工作原理图。当 X 口的液压油压力达到一定值时，即可推动阀芯克服弹簧力右移，而使电气触点 1 和 2 断开、电气触点 1 和 4 闭合导通。当压力下降到一定值时，则阀芯在弹簧力作用下左移，电气触点复位。给定的压力可以通过调节旋钮设

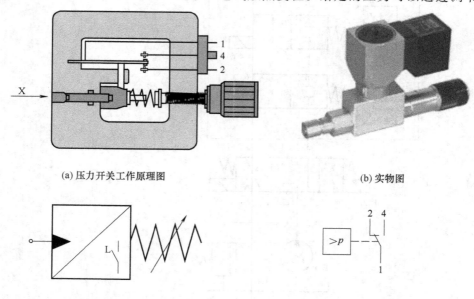

(a) 压力开关工作原理图

(b) 实物图

(c) 液压回路中图形符号

(d) 电气回路中图形符号

图 4.3.1   压力开关

定。应当注意的是，让压力开关触点吸合的压力值一般高于让触点释放的压力值。

HED40P 压力开关（见图 4.3.2）的接线端功能：在 3 个电气接口中，黄色和绿色接口为常开触点接法，黄色和蓝色接口为常闭触点接法。

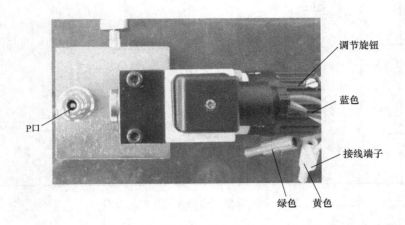

图 4.3.2 HED40P 压力开关

子任务二 双液压缸顺序动作电控回路

一、双液压缸顺序动作电控回路及工作原理

双液压缸顺序动作电控回路如图 4.3.3 所示。

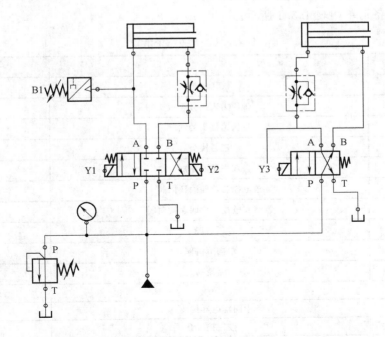

图 4.3.3

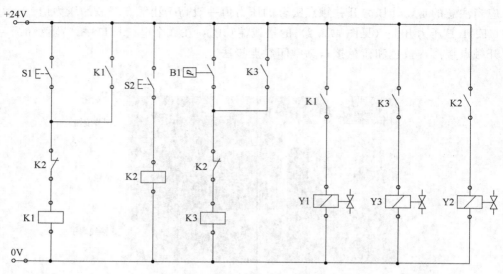

图 4.3.3　双液压缸顺序动作电控回路

图 4.3.3 所示双液压缸顺序动作电控回路工作原理如下。

初始，双缸活塞杆处于退回状态，液压泵泵出的油液经溢流阀流回油箱。按下启动按钮 S1，中间继电器 K1 得电并自锁，电磁线圈 Y1 得电，第一个液压缸活塞杆伸出；当工作压力达到压力开关 B1 设定压力值，中间继电器 K3 得电并自锁，电磁线圈 Y3 得电，第二个液压缸活塞杆伸出；当按下返回开关 S2 后，中间继电器 K2 得电，电磁线圈 Y2 得电，Y1、Y3 失电，两个液压缸活塞杆同时退回。最后松开开关 S2，系统回到初始状态，完成一次往复运动。

二、双液压缸顺序动作电控回路安装设备

① 安装设备清单如表 4.3.1 所示。

表 4.3.1　安装设备清单

编号	元件名称	数量
1	液压机组	1 套
2	带压力表的分配板	1 块
3	带快速接头的油管	若干条
4	三通接头	3 个
5	双作用液压缸	2 个
6	单电控二位四通换向阀	1 个
7	O 型双电控三位四通换向阀	1 个
8	压力表	1 块
9	单向节流阀	2 个
10	溢流阀	1 个
11	导线	若干条
12	中间继电器接线盒	1 个
13	按钮接线盒	1 个
14	+24V 直流电源	1 个

② 安装设备实物图如图 4.3.4 所示。

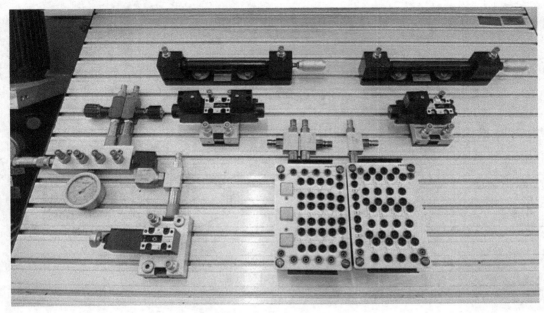

图 4.3.4 安装设备实物图

三、速度转换电控回路安装与检修步骤

① 读懂速度转换电控回路图。

② 从元件柜里找出相应的元件安装在工作台上，并检查安装是否牢固可靠。

③ 按液压油流动的方向接油管，检查油口连接是否正确。

④ 按电气回路图从左到右、从上往下的顺序连接导线，检查导线是否错接或虚接。

⑤ 打开电源总开关，检查回路是否有短路现象，如果出现短路应立刻关电源，待查明原因再试。

⑥ 将溢流阀的弹簧拧得尽量松，然后启动液压泵。

⑦ 当液压泵正常启动后，再慢慢将溢流阀的弹簧拧紧，观察压力表的读数是否达到了系统要求的最大工作压力值（推荐值：50bar）。

⑧ 操作按钮，检查双液压缸顺序动作是否满足控制的要求。

⑨ 停泵前，应将溢流阀的弹簧拧得尽量松。

⑩ 关闭电源总开关，然后拆下液压元件和电气元件并按原位放回元件柜，收拾干净工作台。

 巩固与提高

1. 图 4.3.5 所示组装设备用于将工件装配起来以便于钻孔。液压缸 1A1 将工件压紧在工位上。这个操作应该以缓慢且平稳的速度执行。当液压缸 1A1 中的压力达到 20bar（工件被压入位）后，钻头由一个液压马达驱动，在液压缸 1A2 驱动下前伸，完成钻孔。当钻削的动作完成之后，钻头被停止钻削且液压缸 1A2 缩回，液压缸 1A1 缩回，释放工件。根据气控回路设计电控回路。

2. 解释图 4.3.6 所示对应元件在以下控制回路中的功能，并填入表 4.3.2 中。

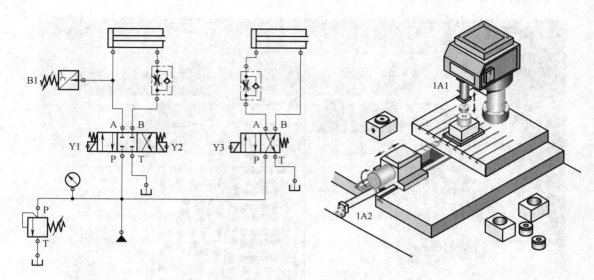

图 4.3.5　组装设备

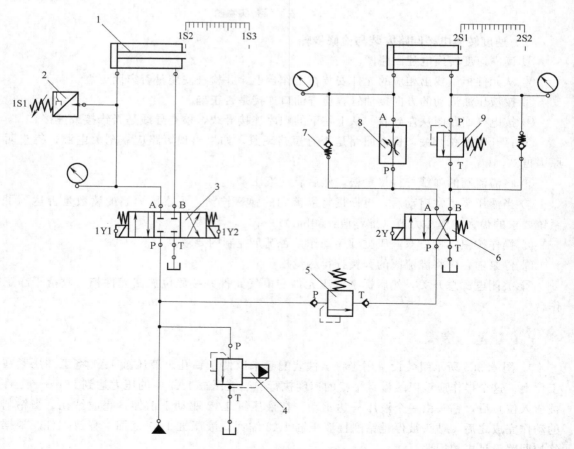

图 4.3.6　控制回路

表 4.3.2　元件名称及功能

编号	元 件 名 称	功　能
1		
2		
3		
4		
5		
6		
7		
8		
9		

附录

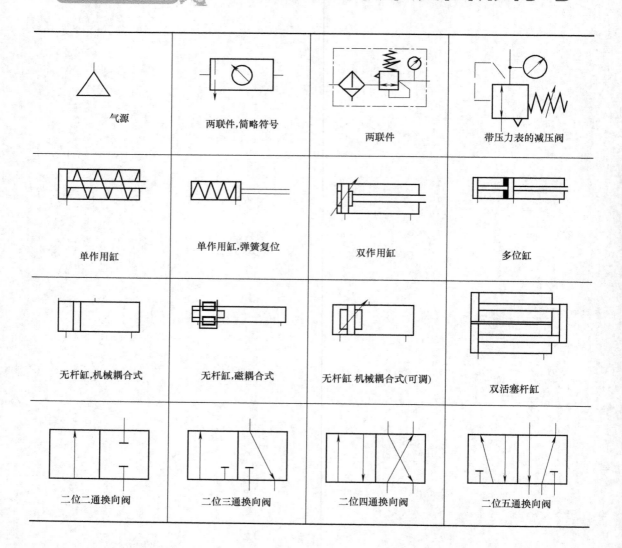

气源	两联件,简略符号	两联件	带压力表的减压阀
单作用缸	单作用缸,弹簧复位	双作用缸	多位缸
无杆缸,机械耦合式	无杆缸,磁耦合式	无杆缸 机械耦合式(可调)	双活塞杆缸
二位二通换向阀	二位三通换向阀	二位四通换向阀	二位五通换向阀

续表

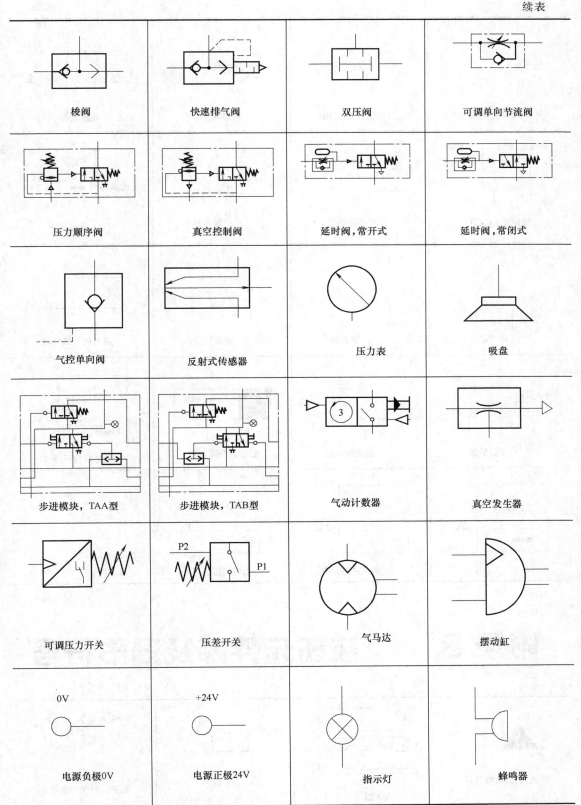

梭阀	快速排气阀	双压阀	可调单向节流阀
压力顺序阀	真空控制阀	延时阀,常开式	延时阀,常闭式
气控单向阀	反射式传感器	压力表	吸盘
步进模块,TAA型	步进模块,TAB型	气动计数器	真空发生器
可调压力开关	压差开关	气马达	摆动缸
电源负极0V	电源正极24V	指示灯	蜂鸣器

续表

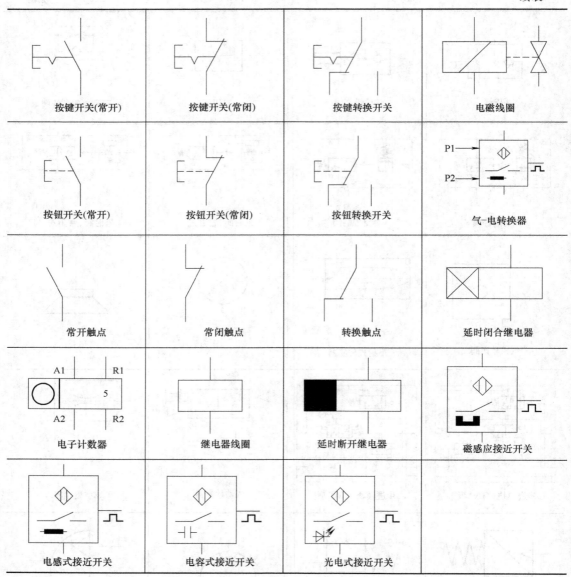

按键开关(常开)	按键开关(常闭)	按键转换开关	电磁线圈
按钮开关(常开)	按钮开关(常闭)	按钮转换开关	气-电转换器
常开触点	常闭触点	转换触点	延时闭合继电器
电子计数器	继电器线圈	延时断开继电器	磁感应接近开关
电感式接近开关	电容式接近开关	光电式接近开关	

附录 B　液压元件库及图形符号

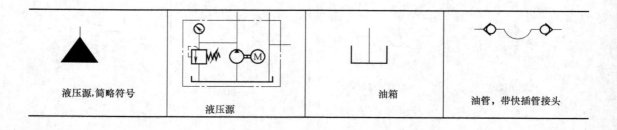

液压源,简略符号	液压源	油箱	油管,带快插管接头

续表

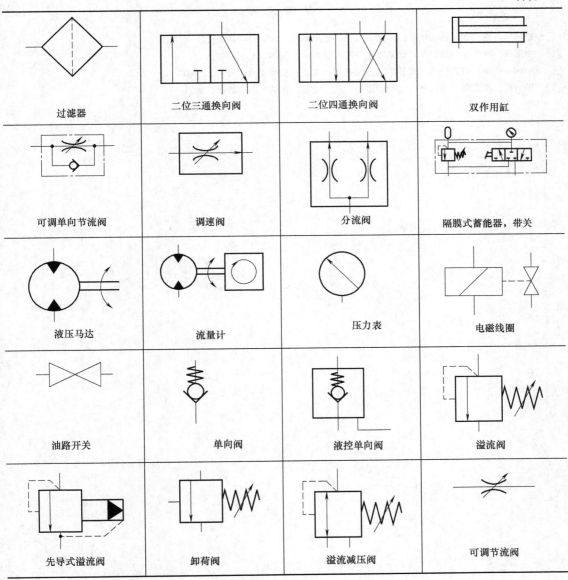

过滤器	二位三通换向阀	二位四通换向阀	双作用缸
可调单向节流阀	调速阀	分流阀	隔膜式蓄能器，带关
液压马达	流量计	压力表	电磁线圈
油路开关	单向阀	液控单向阀	溢流阀
先导式溢流阀	卸荷阀	溢流减压阀	可调节流阀

参 考 文 献

[1] 张林. 液压与气压传动技术. 北京：人民邮电出版社，2012.

[2] 姜佩东. 液压与气动技术. 北京：高等教育出版社，2000.

[3] SMC（中国）有限公司. 现代实用气动技术. 北京：机械工业出版社，2003.

[4] 崔培雪，冯宪琴. 典型液压气动回路 600 例. 北京：化学工业出版社，2011.